W0267810

Wartenberg
Altenfrauenberg
Grünbach
Kreut
Lengdorf
Isen
Kopfsburg
Burgrain
Schwindegg
Klebing
Lauterbach
Stampflschloss
Haag
Au am Inn
Lengmoos
Inn
Jettenbach
Kraiburg
Guttenburg
Mühldorf
Leoprechting
Mühldorf
Niedertaufkirchen
Zangberg
Dornberg
Isen
Arbing
Reisach
Endlkirchen
Burg
Perach
Winhöring
Neuötting
Alzgern
Teising
Altötting
Tüßling
Schmidhub
Altötting
Alz
Burghausen
Gufflham
Wald a.d. Alz
Leonberg
Marktlberg
Marktl
Haiming
Piesing
Salzach

BURGEN IN OBERBAYERN

Ein Handbuch von
Werner Meyer

137 Abbildungen,
davon 8 vierfarbig,
fotografiert von
Werner Meyer

Verlag Weidlich · Würzburg

Alle Rechte vorbehalten
© 1986 by Verlag Weidlich, Würzburg
Satz und Druck: Hohenloher Druck- und Verlagshaus Gerabronn
Buchbinderische Verarbeitung: Großbuchbinderei Röck, Weinsberg
Kartenzeichnung: Erwin Raeth, Kiel
Umschlagmotiv: Burghausen, Landkreis Altötting
Printed in Germany
ISBN 3 8035 1279 4

INHALT

Die bei den Ortsnamen vermerkten Zahlen beziehen sich auf das Literaturverzeichnis.

VORWORT

Ursprung der vorliegenden Arbeit war die Anlage einer Burgenkartei am bayerischen Landesamt für Denkmalpflege 1937, für die ich gemeinsam mit Hauptkonservator Dr. Bernhard Hermann Röttger das Schema eines Karteiblatts entwarf. Ursprünglich als Erfassung und Klassierung aller Denkmäler des mittelalterlichen Wehrbaues in Bayern zum Zwecke einer umfassenden Konservierungs- und Restaurierungsaktion gedacht, wurde die Arbeit nach dem Krieg leider mangels verfügbarer Mittel lediglich als Materialsammlung fortgesetzt. Mit dieser Kartei als Grundstock wurde nun der Versuch unternommen zunächst für den Regierungsbezirk Oberbayern unter Ausschöpfung der einschlägigen Literatur und von Ortsbesichtigungen eine Vervollständigung anzustreben. Als wichtiger Beitrag zur Ergänzung erwies sich die Liste der obertägigen Bodendenkmäler der Vorgeschichtsabteilung des bayerischen Landesamts für Denkmalpflege. Für ihre bereitwillig gegebenen Auskünfte sowie für Planmaterial habe ich den Kollegen dieser Abteilung zu danken. Die Abfassung des Textes wurde durch die Mitarbeit bei der Literaturauswahl, bei Korrekturen und genealogischen Forschungen durch Bibliotheksamtmann Dipl.-Bibliothekarin Renate Wenck von der Studienbibliothek Dillingen an der Donau gefördert. Ihr gebührt an dieser Stelle mein ganz besonderer Dank. Mein Dank gilt ferner Herrn Architekt Dr.-Ing. August Landgraf für wichtige Hinweise, literarische Vorarbeiten und Ortsbesichtigungen, ebenso für freundlichen Rat Dr. Alexander von Reitzenstein. Zu danken habe ich allen, die in zahlreichen Publikationen zum Thema Burgen in Oberbayern Grundlagen zu einer zusammenfassenden Darstellung gegeben haben. Nicht zuletzt ist dem Verlag Weidlich für seine entgegenkommende Einstellung zu der aus dem Rahmen der Reihe „Burgen und Schlösser" teilweise abweichenden Gestaltung und Anordnung besonders zu danken. Wenn das angestrebte Ziel einer geschlossenen Darstellung des mittelalterlichen Adelsbaus in Oberbayern nicht ganz gelang, so bittet der Autor um gütige Nachsicht.

LITERATURVERZEICHNIS

1 Apian, Philipp; Bayerische Landtafeln, Ingolstadt 1618, Faksimile, München 1966
2 Das bayerische Inn-Oberland, 25. Jg. 1954 (Falkenstein)
3 Benker, Gertrud; Ludwig der Bayer, München 1980
4 Bomhard, Peter von; Die Kunstdenkmäler der Stadt und des Landkreises Rosenheim II 1, 2, 3 Rosenheim 1954
5 Bosl, Karl; Bayerische Geschichte, München 1971, 1974
6 Bosl, Karl (Hrsg.); Handbuch der historischen Stätten, Bd. 7 Bayern, Stuttgart 1961
6a Burmeister, Enno: Das Schloß zu Lauterbach. In: ARX 1/1985, S. 16 ff.
7 Chlingensperg, Maximilian von; Das Königreich Bayern in seinen Schönheiten, Bd. I, II, III München 1840—1854
8 Dehio-Gall; Handbuch der Deutschen Kunstdenkmäler, Oberbayern. Berlin 1925
9 Diepolder, Gertrud; Der Raum des heutigen Bayern um 1200, Karte 18/19, in: Bayer. Geschichtsatlas, hrsg. von Max Spindler, München 1969, S. 76 ff.
10 Drummer, Josefranz; Tutzing und sein Schloß, Tutzing 1953
11 Ebhardt, Bodo; Der Wehrbau Europas, 1. Bd., Berlin 1939, Nachdr. Frankfurt/M. 1977
12 Erdmannsdorfer, Karl; Oberbayerische Burgen und Schlösser. In: Schönere Heimat 42/1953, H. 1—4; 43/1954, H. 1—4
13 Euringer, Gustav; Auf nahen Pfaden, Augsburg 1915
14 Fischer, Manfred; Die Willibaldsburg in Eichstätt, hrsg. v. d. Bayer. Verw. d. Schlösser, Gärten und Seen, München 1982
14a Fried, Pankraz; Die Landgerichte Dachau und Kranzberg, Historischer Atlas von Bayern, Altbayern H. 11/12, München 1958, S. 99 ff.

15 Fried, Pankraz; Die Herkunft der Wittelsbacher. In: Wittelsbach und Bayern hrsg. v. Hubert Glaser I, 1, S. 29 ff. München 1980
16 Fried, Pankraz; Hochadelige und landesherrliche Wittelsbachische Burgenpolitik im Hoch- und Spätmittelalterlichen Bayern. In: Die Burgen im Deutschen Sprachraum, hrsg. von Hans Patze, Sigmaringen 1976
17 Hager, Luisa und Elmar Schmid; Burg zu Burghausen; hrsg. v. d. Bayer. Verw. d. Schlösser, Gärten und Seen, München 1974
18 Heimatbuch, Lkr. Fürstenfeldbruck, Fürstenfeldbruck 1952/1963
19 Heinzmann, Carl-Friedrich; Schloß Hohenaschau b. Rosenheim i. B.
20 Hollweck, Ludwig; München, München 1968
21 Hubensteiner, Benno; Bayerische Geschichte, München 1977, 6. Aufl.
22 Hübner, Lorenz; Beschreibung des Erzstiftes und Reichsfürstentums Salzburg 1796 (Lebenau, S. 120)
23 Hundt, Wiguleus von; Bayerisch Stammenbuch, T. II von Fürsten, Grafen, Herren auch anderen adelichen Bayerischen Geschlechten, Ingolstadt 1598, S. 46 Graven von Falkenstein/Neuburg/Hademarsperg/Antwurt/Herantstein/Grub an der Mangfalt
24 Jaeckel, Peter; Herzogskasten und neues Schloß. In: Ingolstadt I/II hrsg. v. Theodor Müller, Ingolstadt 1974
25 Karl-Rückert, Albert; Chronik alter Burgen in Oberbayern, München 1925
26 Koch, Robert; Die Burg Wittelsbach b. Aichach. In: Wittelsbach und Bayern, hrsg. v. Hubert Glaser I, 1, S. 133 ff., München 1980
27 Die Kunstdenkmäler von Bayern, Oberbayern I—III, 1895—1908
28 Die Kunstdenkmäler von Bayern, Oberpfalz und Regensburg 1905—1933
29 Die Kunstdenkmäler von Bayern, Mittelfranken 1924—1932
30 Die Kunstdenkmäler von Bayern, Schwaben 5, Lkr. Neuburg a. d. Donau 1958
31 Kreisel, Heinrich; Burgen und Schlösser in Altbayern, Mün. 1957
32 Bayer. Landesamt für Denkmalpflege; Liste der obertägigen Bodendenkmale, Oberbayern. Manuskript
33 Landgraf, August; Die ältesten Abbildungen oberbayerischer Burgen, Italienische Stadtpaläste als Vorbilder oberbayerischer Burgen. Eine Studie; In: Burgen und Schlösser 1963/I., S. 13 ff.
34 Landgraf, August; Die romanischen Profanbauten auf den Burgen und Ruinen Österreichs und Altbayerns. Romanische Wohntürme 1 u. 2. In: Burgen und Schlösser 1968/I, S. 1 ff. (Haag i. Obb.)
35 Lechner, Korbinian; Auf der Berghamer Leiten und im Eyergraben. In: Aiblinger Tagblatt vom 25. 1. 1972
36 Lehner-Burgstall, Michael Josef; Burgenkranz des Bayerlandes, München 1910

36a Meitinger, Otto; Die Baugeschichtliche Entwicklung der Neuveste, ein Beitrag zur Geschichte der Münchener Residenz. In: Oberbayerisches Archiv 92. Bd. München 1970, S. 7 ff.

37 Meyer, Werner; Burgen und Schlösser. In: Oberbayern Land und Leute, Essen 1960, S. 150 ff.

38 Meyer, Werner; Burgen und Schlösser in Bayern, Frankfurt/M. 1961

39 Meyer, Werner; Die deutsche Burg, Frankfurt/M. 1963

40 Meyer, Werner; Deutsche Burgen, Frankfurt M. 1969

41 Meyer, Werner; Europas Wehrbau, Frankfurt/M. 1973

42 Mittel, Heinz; Wanderungen im Wellheimer Tal, Ingolstadt 1981

43 Noichl-Müller, Elisabeth; Die Zeit der frühen Herzöge. In: Wittelsbach und Bayern, hrsg. v. Hubert Glaser, München 1980, S. 48 ff.

44 Noichl-Müller, Elisabeth; Codex Falkensteinensis, Rechtsaufzeichnungen der Grafen von Falkenstein, München 1978

45 Piper, Otto; Burgenkunde, München 1912. Nachdr. Frankfurt/M. 1967 m. 2. T. v. Werner Meyer

46 Popp, K.; Wallburgen, Burgstalle und Schanzen in Oberbayern. In: Oberbayerisches Archiv, Bd. 49, 1895—1896, I, S. 178—180

46a Primbs, Karl; Schloß Hohenaschau und seine Herren. In: 45. Bd. Oberbayerisches Archiv, München 1888/1889, S. 1 ff.

47 Prinz, Friedrich; Bayerns Adel im Hochmittelalter. In: Ztschr. f. Bayer. Landesgeschichte Bd. 30/1967, S. 53 ff.

48 Prinz, Friedrich; Die bayerischen Dynastengeschlechter des Hochmittelalters. In: Wittelsbach und Bayern, hrg. v. Hubert Glaser, München 1980, S. 253 ff.

48a Rambaldi, K. Graf von; Geschichte des Schlosses Eurasburg und seiner Besitzer. In: Oberbayerisches Archiv, Bd. 48, 1893/1894, S. 1

49 Reitzenstein, Alexander von; Die Festung Ingolstadt der Herzöge und Kurfürsten. In: Ingolstadt I/II, hrg. v. K. Th. Müller, Ingolstadt 1974

50 Reitzenstein, Alexander von; Hohenaschauer Waffen. In: Waffen und Kostümkunde, München 1962

51 Reitzenstein, Alexander von; Reclams Kunstführer, Deutschland I Bayern, 9. Aufl., Stuttgart 1983

52 Reitzenstein, Alexander von; Der Karlsberg bei Leutstetten, Lkr. Starnberg. In: Bayerische Vorgeschichtsblätter 18/19 (1951/1952), S. 207 ff.

53 Rosegger, Josef; Burgen und Schlösser zwischen Inn und Salzach, Freilassing 1972

54 Sage, Walter; Zur archäologischen Erforschung mittelalterlicher Burgen in Südbayern. In: Wittelsbach und Bayern, hrsg. v. Hubert Glaser, München 1980, S. 127 ff.

55 Sayn-Wittgenstein, Franz Prinz zu; Wiedereinrichtung des Heimatmuseums Tittmoning. In: Jahresbericht d. Bayer. Landesamts f. Denkmalpflege 1938—1951, S. 35 ff.

56 Schiedlausky, Günter; Das Hohenaschauer Rüstungsinventar von 1567. In: Waffen und Kostümkunde, München 1962
57 Schuster, M. E.; Schloß Ingolstadt, Dissert. T. H. München. In: Der Baumeister 1953/H. 3
58 Sieghardt, August; Südostbayerische Burgen und Schlösser, Berchtesgaden-Schellenberg 1952
59 Sieghardt, August; Burgen und Schlösser im Donau- und Altmühltal, Regensburg 1956
60 Spindler, Max (Hrsg.); Bayerischer Geschichtsatlas, München 1969
61 Streibl, Josef; Der Hög, seine Höfe und Familien, Högl. Selbstverl. 1909
62 Tillmann, Curt; Lexikon der deutschen Burgen und Schlösser I—IV, Stuttgart 1958–1961
63 Volkamer, Volker von; Das Landgericht Pfaffenhofen und Pfleggericht Wolnzach. Hist. Atlas von Bayern. Altbayern Bd. 14, München 1963, S. 117
64 Wagner, Joh. Jos.; Topographische Geschichte der Stadt Traunstein. In: 18. Bd. Obb.-Archiv, 1837 I, S. 173 ff.
65 Wening, Michael; Historico-Topographico Descriptio, Rentamt München 1701—1714, Burghausen 1721, Landshut 1723, Straubing 1726
66 Wieser, Max; Schloß Staufeneck, Staufeneck 1978
67 Wurzler, Heinz; Burg Werdenfels. In: Burgen und Schlösser 11. Jg. 1970/I, S. 1 ff

EINLEITUNG

Lit. Nr.: 3, 5, 9, 15, 16, 21, 23, 31, 37, 43, 45, 60

Um von Burgen, adligen Wehrbauten des frühen und hohen Mittelalters zu berichten, ist es wichtig zu wissen, aus welchen Ursachen Angehörige des Adelsstandes sich befestigte Sitze abseits des Dorfes, bevorzugt in Höhenlage, aber auch im Schutze eines Wassergrabens schufen. Sie lebten anfangs in allenfalls umzäunten Bauernhöfen, die sich von denen der übrigen Dorfbewohner nur durch größere Ausmaße unterschieden, wobei dann in den Burgen der Aufenthalt in der Enge des Raumes weit weniger angenehm war als im behäbigen Hof mit Haupt- und Nebengebäuden.
Die Burg, ein Phänomen im Bereich menschlichen Bauschaffens, war also der wehrhafte Wohnsitz einer Adelsfamilie mit Burgmannen und Gesinde, als Schutz ihrer Bewohner und in Notzeiten auch der schutz- und wehrlosen Menschen anderer Stände. Die Voraussetzung für diese einmalige Erscheinung in der Architektur war das in der staatlichen Organisation im Wehrbereich entwickelte Lehnswesen, das in karolingischer Zeit in Europa als Verhältnis des Herren zum Vasallen üblich wurde. Es diente sowohl dem Schutze und der Verwaltung des Landes, wie auch der mit unterschiedlichem Recht begründeten Ausdehnung des Lebensraumes. Das Lehnswesen gab so-

mit die Voraussetzung für die Burg als Wohnsitz eines Ritters. Burgen im Sinne von Schutzbauten, wie Ringwälle, Volksburgen oder Refugien, gab es seit Menschen in Gemeinschaft lebten, als Zuflucht, für Zusammenkünfte, Bergung der Habe und Orte zur Rechtsprechung bei größeren Volksgruppen. Erst die Ausprägung des Kriegerstandes, dessen Rangordnung streng geregelt war, gab im Zusammenhang mit dem Lehnswesen Anlaß zum Bau einer Herrenburg, der Burg des einzelnen Adligen. In der durch die Heerschildordnung festgelegten Rangfolge des Adels stand der König als Träger des ersten Heerschildes an der Spitze. Es folgten die Bischöfe und Äbte, an dritter Stelle Herzöge und Grafen, dann freie Herren, schöffenbare freie Lehnsleute und endlich sechstens Lehnsleute der Lehnsleute.

Jeder Mindere nahm den Schutz eines Höheren an, um sich diesem gegen ein Lehen, das ein Stück Land oder ein Amt sein konnte, in feierlicher Form durch Darreichung und Umschließung der Hände sowie Ableistung des Treueides zu verpflichten. Die Verpflichtung bestand hauptsächlich in persönlicher Heerfolge bzw. Bereitstellung eines Kontingents im Kriegsfall. Der so Verpflichtete war genötigt, seine Lebensumstände zur Erfüllung des Lehnsvertrages einzurichten, das heißt, er mußte sich einen wehrhaften Wohnsitz schaffen, sofern er nicht als Platzhalter seines Lehnsherrn auf dessen Burg diente. Seither also gab es Herrenburgen, die örtlichen Verhältnissen und Gewohnheiten entsprechend gestaltet waren.

Betrachtet man die Herrschaftsverhältnisse des Staatswesens seit dem 10. Jahrhundert, so lag die Macht im jungen deutschen Reich weniger beim König, dem letzten Karolinger Ludwig, als vielmehr bei den Bischöfen aus hohem Adel. Neben diesen konnten sich nur wenige im gleichen Rang behaupten, zu denen in Bayern der Markgraf Luitpold und als sein Nachfolger sein Sohn Arnulf bereits als Herzog gehörten.

Wie die folgende kurze Schilderung des geschichtlichen Ablaufs zeigen wird, konnte das Verhältnis der bayerischen Herzoge zum König freundschaftlich bis gespannt, ja wohl auch

feindlich sein. Die Geschichte der Burgen ist hier in Bayern wie anderswo in wesentlichen Teilen die Geschichte der Fehden und Kriege, der internen Auseinandersetzungen wie auch die Abwehr äußerer Feinde oder der Machterweiterung über die Grenzen hinaus. Träger des Wehrauftrages war der Adel, sowohl der Uradel als auch der im Lehnsverhältnis an diesen gebundene Stand der Ministerialen.
Aus dem Geschlechteradel der sogen. Landnahmezeit in Bayern, den Agilolfingen, den Huosi, Fagana, Halilinga, Drozza, Anniona und Aribonen erwuchs der Hochadel des Mittelalters, dessen unmittelbare Verbindung zu den Geschlechtern der Frühzeit nur in Einzelfällen nachzuweisen ist.
In karolingischer Zeit fand eine Verschmelzung des bayerischen Regionaladels mit der fränkischen Reichsaristokratie statt. Beispiele für diese Entwicklung finden sich bei den Wilhelminern, den Aribonen und den Sighardinger-Ebersbergern aber auch bei der Familie der Luitpoldinger, den Begründern des jüngeren bayerischen Stammesherzogtums. Es bildete sich demnach aus ursächlich heterogenen Elementen ein neuer bajuwarischer Stammesadel.
Das herkömmlich in heidnischer Vorstellung legitimierte, später im Christentum verwandelte Herrenrecht bewahrte den hergebrachten Charakter. Es erhielt durch das Lehnsrecht vermehrte Bedeutung. Wer Schutz zu bieten vermag, kann auch Unterordnung erzwingen (Prinz).
Zu den wichtigsten Herrschaftsbereichen in Bayern gehörte im Westen das Machtzentrum der Welfen, die vor den Wittelsbachern das Herzogsamt innehatten. Ihr Besitz war ein ziemlich geschlossener Landkomplex am Lechrain bis zu den Alpen, der auch mit den Burgen Gunzenlee, Burgheim, Mering, Landsberg und Raisting auf das rechte Lechufer übergriff. Vogteirechte besaßen die Welfen östlich des Lech in den Klöstern und Stiften Altomünster, Wessobrunn, Polling, Rottenbuch und Steingaden. Diesen lechrainischen Besitz der Welfen erwarb 1167 Barbarossa von Welf VI. und erweiterte damit die staufische Position von Nördlingen bis zum Alpenvorland.

Zum welfischen Besitz in Oberbayern, den vor allem Welf II. erworben hatte, gehörte auch die Grafschaft Burghausen, Herzog Heinrich der Löwe konnte auch die Hallgrafschaft (Reichenhall) in seine Hand bringen.
Östliche Nachbarn der Welfen waren am Lechrain die Wittelsbacher und die Andechser. Die 1079 erstmals urkundlich bezeugten Grafen von Scheyern nannten sich seit 1116 nach ihrer neuen Burg von Wittelsbach, die alte Burg Scheyern verwandelten sie in ein Kloster. Es gelang ihnen, im Verlauf des 11. und 12. Jahrhunderts zwischen Lech und Isar sowie im Westergau an Paar und Ilm ein fast geschlossenes Herrschaftsgebiet zu bilden, in dem die Burgen Wittelsbach, Dachau und Haimhausen militärische Stützpunkte waren.
1045 hatten die Grafen von Scheyern die Grafen von Ebersberg beerbt und damit im Kreise grafenbaren Adels einen hervorragenden Platz eingenommen. Macht- und Gebietszuwachs durch Erbschaft kamen bis zum 13. Jahrhundert vor allem den Wittelsbachern zugute, als ihnen die Besitzungen ihrer Konkurrenten, der Bogener und Andechser, zufielen. In gleicher Weise erbten sie den Besitz alter, ausgestorbener Grafengeschlechter, der Vornbacher, Burghausener, Sulzbacher, der Burggrafen von Regensburg, der Landgrafen von Stefling, der Vohburger, Peilsteiner, Meglinger, derer von Wasserburg und Neuburg-Falkenstein. Ohne von Skrupeln behindert zu sein, zogen die Wittelsbacher erledigte Grafschaften samt Eigengütern, Lehen und Klostervogteien zu ihrem Vorteil ein.
Die Grafen von Diessen-Andechs, seit 1173 Markgrafen von Istrien, dann Herzöge von Meranien, saßen in einem Herrschaftsbereich zwischen dem oberen Lech und der oberen Isar. Stammburg der Grafen von Diessen war die Burg Skonenberg (Schönburg), namengebend für das Geschlecht war ihre Burg Andechs am Ammersee seit 1132. Ein zweites Zentrum waren Burg und Herrschaft Wolfratshausen, nach dem seit 1116 Otto II. von Diessen den Titel Graf von Andechs-Wolfratshausen führte. In Diessen gründeten sie das gräfliche Hauskloster, Vogteirechte übten sie ebenfalls über Benedikt-

beuern, Tegernsee und Neustift-Brixen aus. Ihren Machtbereich konnten sie nördlich nach Oberfranken und nach Süden bis Krain und in die karantanische Mark ausdehnen. Auch die Andechser konnten ihren Besitz durch Erbschaft erweitern, als 1158 Graf Ekbert von Vornbach vor Mailand fiel. An diesem Erbe hatten auch die Grafen von Ortenburg teil, die neben den Wittelsbachern und den Andechsern zu den mächtigsten Grafengeschlechtern in Bayern zählten.
Zwischen diesen Herrschaftsbereichen konnten sich mittlere und kleine Grafengeschlechter wie die Falkensteiner, die Grafen von Weyarn, die Wasserburger, die Grafen von Mödling, die Dornberger, die Frontenhauser und die Grafen von Altendorf und Leonberg behaupten. Mittelpunkt der Falkensteiner Grafschaft war die Burg Falkenstein bei Brannenburg, von den Besitzungen der Grafen zwischen Chiemsee und Unterinntal zeugt das einzig erhaltene Urbar einer weltlichen Grundherrschaft des 12. Jahrhunderts, der „Codex Falkensteinensis“ (1165/1193). Auf die Burgen Neuburg, Burgen im Mangfalltal und Hadmarsberg westlich des Chiemsees stützte sich ihre militärische Macht.
Im Herrschaftsbereich der Wittelsbacher und Ortenburger saßen von diesen umschlossen die Moosburger, die Leonberger und die Frontenhauser an der Isar. Auch die Grafen von Wasserburg waren vielerorts Lehnsträger des Erzbistums Salzburg, sie erweiterten ihren Wirkungsbereich nach Osten und Südosten über Passau hinaus bis Niederösterreich. Am mittleren Inn saßen, wohl als Erben der Hohenburger, die Grafen von Mödling (Mögling). Ihre nördlichen Nachbarn waren die Grafen von Dornberg-Schaunburg mit ihrer namengebenden Burg bei Mühldorf, deren Besitzungen bis in das Rottal reichten. Seit 1171 sind sie als Grafen genannt.
Im Einflußbereich des Erzbistums Salzburg und der Babenberger an der Salzach saßen im Gebiet von Reichenhall die Grafen von Plain und Hardeck, die von Peilstein, Tengling und Lebenau, die Peilsteiner konnten 1168 als Erben den Besitz der mächtigen Grafen von Burghausen übernehmen. Einen

bedeutenden Herrschaftskomplex konnten im Eichstätter Raum und an der oberen Altmühl seit dem 11. Jahrhundert die Grafen von Grögling-Hirschberg ausbauen.
Vielfach spielte in der Territorialpolitik das Zusammenwirken von Adel und Geistlichkeit eine bedeutende Rolle, wenn es einem Adelsgeschlecht gelang, auch den Bischofsstuhl in seinem Machtbereich mit einem Familienmitglied zu besetzen, wie das beim Herrschaftsaufbau der Aribonen im Zusammenhang mit dem Erzbistum Salzburg der Fall war. Von besonderer Wichtigkeit für die Herrschaftsbildung erwies sich wie in diesem Fall die Rolle der Vogtei. Die Ausbreitung einer großräumigen Herrschaft gelang in Oberbayern nur den Wittelsbachern, wofür zunächst wohl die Pfalzgrafenwürde entscheidend war.
Vielfach im Dienste der großen Adelsfamilien saßen auf ihren Burgen Ritter, Edelfreie, Angehörige von Nebenlinien, wie sie in den folgenden Beschreibungen der einzelnen Objekte als Ministerialen oder Eigentümer der Burgen über längere oder kürzere Perioden in ihrer bunten Vielzahl erscheinen.
Nach dieser Vorstellung des oberbayerischen Adels soll in großen Zügen das Geschichtsbild vom 10. bis 14. Jahrhundert gezeichnet werden.
In der Phase häufiger Ungarneinfälle suchte der Adel in Bayern, den die Last der Landesverteidigung in erster Linie traf, nach einer starken Führerpersönlichkeit. Als solche erwies sich Luitpold, Stammvater der Luitpoldinger, seit 895 Graf auf dem Nordgau und in den Donaugrafschaften, der auch durch verwandtschaftliche Beziehungen zu König Arnulf von Kärnten Legitimation und Ansehen genoß.
In seiner Eigenschaft war ihm der Schutz des Reiches an der Ostgrenze anvertraut, ebenso wie die Sicherung der in den Kriegen Karls des Großen gegen die Awaren eroberten Gebiete. Der Feind der nun das Reich aus dem Osten bedrohte, waren die in wiederholten Wellen gegen die Grenzen anstürmenden Ungarn, deren Aggressionen zu begegnen, sich Luitpold 907 zur Schlacht entschloß. In der furchtbaren Nieder-

lage des bayerischen Heeres bei Preßburg verlor der Markgraf Herrschaft und Leben, und mit ihm starben auf dem Schlachtfeld fast der gesamte bayerische Hochadel, dazu der Erzbischof von Salzburg und die Bischöfe von Freising und Säben.
Luitpolds Sohn Arnulf folgte dem Vater nun in der Eigenschaft als Herzog in Bayern und der angrenzenden Gebiete. Er organisierte ein Reiterheer, schuf Refugien für die Bevölkerung in Form von Wallburgen, Landesburgen, wie sie die Burgenordnung König Heinrichs I. zum Schutz der Ostgrenzen empfahl. Er brachte den erneut einfallenden Ungarn mehrere Niederlagen bei, so 909 an der Rott, 910 bei Neuching und 913 am Inn; er starb 937. Sein Sohn Eberhard, 935 bereits zum Nachfolger bestimmt, verweigerte König Otto I. den Lehnseid und mußte außer Landes gehen. An seine Stelle trat, von König Otto bestellt, 938 Arnulfs Bruder Berthold als Amtsherzog. Arnulf II., Eberhards Bruder, verwaltete als Pfalzgraf die Aufsicht über Kron- und Herzogsgut. Nach Bertholds Tod übertrug der König das Herzogtum Bayern seinem eigenen Bruder Heinrich gegen den Widerstand des bayerischen Adels, der sich um den Luitpoldingersproß Arnulf scharte. Arnulf fiel vor Regensburg 954. In bemerkenswert kurzer Zeit wurde König Otto Herr des Aufstandes, den Gegner seiner Reichspolitik angezettelt hatten.
Das folgende Jahr brachte dann den entscheidenden Sieg des Reichsheeres über die Ungarn auf dem Lechfeld bei Augsburg unter Führung des Königs und entscheidender Beteiligung Bischof Ulrichs von Augsburg, dessen Bruder im Kampfe den Tod fand. Heinrich I. Herzog in Bayern hatte mit dem bayerischen Kontingent im Heer wesentlichen Anteil am Siege.
Die Widersetzlichkeit Bayerns gegen eine einheitliche Reichspolitik, die besonders von Herzog Heinrich II., dem Zänker, getragen wurde, veranlaßte Kaiser Otto II., Bayern nach Möglichkeit zu schwächen. Er übergab den Babenbergern als Markgrafen die Ostmark und machte aus Kärnten und Friaul ein eigenes Herzogtum. Der frühe Tod Kaiser Ottos III.

brachte Herzog Heinrich IV. auf dem Erbwege die Kaiserkrone, die er als Heinrich II., der Heilige, trug.
Kaiser Heinrich II. war vor allem bestrebt, sein neugegründetes Bistum Bamberg reich mit Gütern auszustatten und es mit seiner Domschule zu einem politisch und kulturellen Mittelpunkt des Reiches zu machen. Was in der Neubelebung des Klosterlebens in einer zweiten Welle von Klostergründungen, 250 Jahre nach der Zeit Tassilos, nun in der Ära Kaiser Heinrichs geschah, fand 100 Jahre später seine Entsprechung auf der weltlichen Ebene im Ausbau des bayerischen Wirkungsbereichs nach Osten an der Wende zum 12. Jahrhundert. Beteiligt daran waren die großen Grafengeschlechter, die vorwiegend ihre Stammsitze in Oberbayern hatten und nun gestützt auf ihre Burgen den Machtbereich erweiterten. So wie die neue Blüte des Klosterlebens Schrifttum und Poesie förderte, die ihren Zentralort in der Bamberger Domschule hatte und Kirchenmänner wie Anno von Köln, Adam von Bremen und Lampert den Mönch von Hersfeld hervorgebracht hatte, so erblühte auch geistiges Leben und höfische Kultur auf den Burgen, wo Heldendichtung und Minnesang ihre Heimstatt fanden. Die Tatsache, daß die volkssprachliche Ritterdichtung, die das Latein als Literatursprache allmählich verdrängte, im bayerisch-österreichisch-fränkischen Raum eine besondere Heimstatt fand, bestätigt das begründete Urteil, daß Bayern neben dem niederrheinischen Raum im 12./13. Jahrhundert eine bedeutende deutsche Kulturlandschaft war (Bosl). Seit 1070 wurde das Herzogtum Bayern in der Familie der Welfen erblich.
Mit dem Staufer Friedrich und dem Sohn eines Este und einer Welfin, Welf I., traten zwei mächtige Fürstengeschlechter in das Rampenlicht der historischen Bühne, deren Wirksamkeit und Gegnerschaft für Deutschland und im besonderen auch für Bayern von weittragender Bedeutung werden sollten. Die Herrschaft der Welfenherzöge in Bayern mit Welf I., Welf II., Heinrich dem Schwarzen und Heinrich dem Stolzen führte zur größten Machtentfaltung in der bayerischen Geschichte.

In der Hand des Herzogs waren nun die beiden Herzogtümer Bayern und Sachsen, Ländereien in Oberitalien und dazu die Mathildischen Güter. Als markanteste Gestalt der Dynastie jedoch erscheint Heinrich der Löwe, der das vorübergehend dem Babenberger Leopold übergebene Herzogtum Bayern wieder an sich brachte. Mit einer entscheidenden Tat setzte er sich ein Denkmal im Bayernland, das alle Zeiten überdauerte. Als er 1158 die Isarbrücke des Bischofs von Freising bei Föhring abbrechen ließ, um den Salzhandel über sein Dorf Munichen und damit den Gewinn in seine Tasche zu lenken, begründete er Bayerns Hauptstadt München. Heinrichs Sturz und Verbannung gab Kaiser Friedrich I. Gelegenheit, einem treu ergebenen Mann das Herzogtum zu übergeben. Otto von Wittelsbach wurde 1180 auf dem Tag zu Altenburg mit dem Herzogtum Bayern belehnt.
Die Wittelsbacher, obwohl über Jahrhunderte Kräfte im Bruderstreit vergeudend, verstanden es, Herren im Lande zu bleiben und die Ausbreitung rivalisierender Territorialmächte zu verhindern, wobei ihnen – wie bereits oben erwähnt – zugute kam, daß sie im Laufe der Zeit mehrere bedeutende, ausgestorbene Geschlechter beerbten.
Gestützt auf Burgen, aber seit dem 12. Jahrhundert auch auf Städte, festigten die Wittelsbacher ihre Macht. Sie verfolgten damit eine Politik, die einerseits den Machtanspruch sicherte und zum anderen den Wohlstand förderte. Die Elemente Burg und Stadt standen demnach in enger Verbindung, sei es, daß sich an eine bestehende Burg eine Siedlung anschloß oder aber durch einen Willensakt eine Stadt bei einer Burg gegründet wurde, wobei der Herr der Burg handels- oder machtpolitische Ziele verfolgte, die Bewohner der Stadt hingegen den Schutz der Burg genossen, für den sie als Preis die Abhängigkeit von der Herrschaft in Kauf nahmen.
Ist demnach die Wittelsbacher Städtepolitik weitgehend erkannt und gewürdigt, so verdient es ihre Burgenpolitik in gleicher Weise. Stets galt die Burg im größeren Verband einer Herrschaft als Zentrum der Verwaltung und als militärischer

Stützpunkt, sie behielt ihren Wert als Kristallisationspunkt nur so lange, als sie intakt und unversehrt war. Die logische Folge war, daß sich bei beabsichtigter Änderung der Verhältnisse der Angriff in erster Linie gegen die Burg des Feindes richtete und in zweiter Linie versucht wurde, durch Verwüstung des Kulturlandes dem Gegner die Ernährungsgrundlage zu entziehen oder diese zumindest schwer zu schädigen.
Jedenfalls verstanden es die Wittelsbacher, unter Anwendung der vorgenannten Prinzipien in rund 100 Jahren ihren Besitz zu verdreifachen, damit ihre Hausmacht zu stärken und sich gegenüber den im Range ebenbürtigen Fürsten Ansehen und Geltung zu verschaffen. Auf Otto I., der nur drei Jahre die Herzogswürde genoß, folgte Ludwig I., der Kelheimer, der 1214 die Rheinpfalz erhielt. Otto II., der Erlauchte, bewarb sich um die Fürstentümer Österreich und Steiermark, mußte aber gegen Böhmen zurückstehen. Er erwarb sich besonderen Ruhm als Städtegründer und Liebhaber ritterlicher Poesie. 1255 kam es zur Teilung des Herzogtums in Oberbayern und Niederbayern. Ludwig II., der Strenge, Herzog von Oberbayern, der um eines geringen Verdachts willen in rasender Eifersucht seine junge Frau hinrichten ließ, der den Stauferknaben Konradin wie seinen eigenen Sohn erzog, ihn aber nicht von seinem verhängnisvollen italienischen Abenteuer abhalten konnte, brachte seinem Land das staufische Erbe ein. Ihm folgte 1302 Ludwig IV., der Bayer, der 1314 zum deutschen König gewählt und 1328 zum römischen Kaiser gekrönt wurde.
Für Streitigkeiten zwischen Österreich und Niederbayern, die auch blutig ausgetragen wurden, brachte der Friede von Passau zunächst ein Ende. Ludwig der Bayer hatte dabei als Vermittler gewirkt, um den Frieden bemühte sich auch Friedrich der Schöne von Österreich. Der Friede war nicht von Dauer: Nachdem Kaiser Heinrich VII. von Luxemburg unvermutet in Italien gestorben war, kam es zwischen Österreich und Bayern bei der Bewerbung um das Königsamt zu kriegerischer Auseinandersetzung. Ludwig sammelte ein Heer, zu dem aus den etwa 500 Burgen des Oberlandes und

Kaiser Ludwig der Bayer und Otto der Erlauchte, Pfalzgraf bei Rhein. Wandfiguren im 1840 von L. v. Klenze geschaffenen Thronsaal der Residenz München.

dem Nordgau, aus den Städten an der Donau, am Inn und an der Salzach Ritter und Reisige zusammenströmten. Der Herzog handelte in der Erkenntnis, nun um Sieg oder Untergang kämpfen zu müssen. Ein österreichisches Heer sammelte sich bei Ulm und rückte gegen die Isar vor. Am 9. November

1313 kam es bei Gammelsdorf nördlich von Moosburg zur Schlacht, in der es den Bayern gelang, die überlegenen Österreicher zu besiegen, in die Flucht zu schlagen und viele Gefangene zu machen.
War dieser Sieg für Österreich das Ende aller Hoffnungen auf eine Ausweitung des Staatsgebietes nach Bayern, so brachte Ludwig dieser Kriegsruhm einen beträchtlichen Prestigegewinn, der sich bei der anstehenden Königswahl zu seinen Gunsten auswirkte. Der Wahl ging sowohl von bayerischer wie von österreichischer Seite hektische Betriebsamkeit voraus, galt es doch die wahlberechtigten Kurfürsten für den eigenen Kandidaten zu gewinnen. Geld, Versprechungen, Zusagen auf Privilegien und Gebietsvorteile spielten bei diesem Handel eine Rolle. Das Ergebnis der Wahl, die für Friedrich den Schönen am 19. Oktober und für Ludwig den Bayern am 20. Oktober erfolgte, brachte dem Bayern den Sieg mit fünf Kurstimmen, dem Österreicher vier Stimmen, von denen zwei strittig waren. Beide Kandidaten betrachteten sich als gewählte Könige, Ludwig ließ sich in Frankfurt feiern, Friedrich zog mit den Seinen zunächst nach Süden. Am 25. November fand an geweihter Stätte im Dom zu Aachen der Krönungsakt statt, zu dem Ludwigs junge Gemahlin Beatrix herbeigeeilt war. Am gleichen Tag ließ sich Friedrich von Habsburg in Bonn von dem zu dieser Funktion nicht berechtigten Erzbischof von Köln krönen. Nun konnten, da beide Könige sich im Recht fühlten, nur noch die Waffen entscheiden. Nachdem beide Parteien ihre Kräfte gesammelt hatten, kam es bei Speyer zur Begegnung der beiden Heere. Die erwartete Schlacht jedoch fand nicht statt, da es Ludwig vorzog, im Schutz der Dunkelheit abzuziehen. Trotz der an diesem Verhalten geübten Kritik war es allen Beteiligten gewiß, daß eine endgültige Auseinandersetzung unvermeidlich war.
Streitigkeiten zwischen den Brüdern Ludwig und Rudolf, die Fehden ihrer Anhänger, die beiderseitige Verluste brachten, Rudolfs Zuwendung an die Partei Österreichs, drohender Streit mit den Truppen des Erzbischofs bei Esslingen und wei-

tere Übergriffe der Österreicher auf bayerisches Gebiet brachten den schwelenden Brand zum Ausbruch.
Die Entscheidung fiel 1322 in der Schlacht bei Mühldorf, die mit einem glänzenden Sieg der Bayern und mit der Gefangennahme Friedrichs des Schönen, der in goldener Rüstung in die Schlacht geritten war, und Herzog Heinrichs von Habsburg endete. Der Überlieferung nach begrüßte Ludwig seinen gedemütigten Gegner mit den Worten: „Vetter, es freut uns, Euch hier zu sehen". Friedrich wurde auf der Burg Trausnitz im Tal in der Oberpfalz inhaftiert, Heinrich wurde König Johann von Böhmen als Preis für seine Hilfe zum Siege ausgeliefert.
Im hohen Mittelalter lebte der Christenmensch in den Ordnungssystemen weltlicher und kirchlicher Macht, die ihm als untrennbar galten. Im Streit der Parteien der Guelfen und Ghibellinen in Italien konnte der deutsche König die Rechte des Reiches erfolgreich vertreten. Seine Gegner in der Partei des Papstes in Avignon, Johann XXII., waren vor allem Robert von Anjou-Neapel, König Jakob II. von Aragon und der König von Frankreich. Nachdem der Papst, der seine Politik in Italien bedroht sah, die Rechtmäßigkeit der Königswahl bestritten hatte, folgte 1324 die Exkommunikation Ludwigs des Bayern, der aller Rechte für verlustig erklärt wurde. Jedoch nicht nur durch Kriegshandlungen, sondern ebenso auf diplomatischer Ebene wurde der Streit ausgetragen, der viele Jahre von Ludwigs Regierungszeit andauerte. Der hier entbrannte Kampf brachte für Hoch und Nieder eine Konfliktsituation, die nach der einen oder anderen Seite Entscheidung verlangte, zu denen der einzelne sich nicht ohne Rücksicht auf seine moralische Pflicht aber auch nicht ohne Rücksicht auf seinen Vorteil stellen konnte.
Zweieinhalb Jahre nach der Schlacht von Mühldorf begab sich Ludwig 1325 zur Burg Trausnitz an der Pfreimd, um sich mit dem einstigen Gegner, seinem Gefangenen Friedrich von Habsburg zu versöhnen. Die kleine Versöhnungskapelle bei der Burg bewahrt als sichtbares Werk die Erinnerung an diesen Vorgang. Friedrich erhielt die volle Freiheit um den Preis,

sich zur wittelsbachischen Partei halten zu wollen. Als dessen Bruder Leopold dies Abkommen nicht miterfüllen wollte, bot Ludwig seinem Vetter die Mitregierung und Teilung des Königstitels. Als Friedrich bereits 1326 starb, kam die Vereinbarung nicht mehr zum Tragen.
1327 ließ sich der deutsche König bei einem seiner letzten Italienzüge in Mailand durch Bischof Guido von Arezzo die Langobardenkrone als Symbol für die Kaiserwürde aufs Haupt setzen. Treueid und Huldigung erwiderte der Gekrönte mit Gunsterweisen. Im Januar 1328 folgte die Kaiserkrönung in Rom. Erfolge in Ludwigs langer Regierungszeit waren der Erwerb der Mark Brandenburg, Tirols, Hollands und des Hennegaus. Indem er die niederbayerische Linie beerbte, vereinigte er erneut das bayerische Stammland. Im Hausvertrag von Pavia 1329 trat er an die Söhne seines Bruders Rudolf die Rheinpfalz und große Teile der Oberpfalz ab. Es wurde vereinbart, die Kurwürde zwischen München und Heidelberg wechseln zu lassen. Der Zugriff auf Tirol, den er auf der Höhe seiner Macht glaubte wagen zu können, besiegelte sein Schicksal. Die Fürsten des Reiches, über den Machtzuwachs beunruhigt, mißbilligten seine Tat und wählten einen Gegenkönig, Karl IV., aus dem Hause Luxemburg.
Ludwig starb 1347 auf der Bärenjagd in den Armen eines Bauern, eines seiner Landeskinder, für dessengleichen er stets die hehre Gestalt der Majestät gewesen war und blieb. Mit dem Zeitpunkt von Ludwigs Tod kann von einem Wendepunkt vom hohen zum späten Mittelalter gesprochen werden. Bisher waren die Burgen Zentralorte der Herrschaft gewesen, deren sich besonders die Wittelsbacher zur inneren Neuorganisation des Territoriums stärker bedienten als der Städte.
Die Erwerbungen Ludwigs gingen unter seinen Nachfolgern, die das Land teilten und vier selbständige Linien bildeten, bald verloren. Tirol fiel 1363 an die Habsburger, Brandenburg 1373 an die Luxemburger und die niederländischen Provinzen 1433 an Burgund. Durch die kluge Politik Kaiser Karls IV. blieb die Kurwürde allein bei der Pfälzer Linie.

Neue Burgen wurden nach 1400 kaum noch gebaut – es fehlte dazu das staatspolitische Motiv. Man verlegte sich darauf, den Baubestand den Erfordernissen der im 14. Jahrhundert aufkommenden Artillerie anzupassen. Nur ein geringer Prozentsatz der oberbayerischen Burgen behielt seine mittelalterliche Gestalt. An die Burgorte, die sich heute als Burgställe, Ruinen, Renaissance- und Barockschlösser darstellen, sind Erinnerungen an die geschichtliche Entwicklung des Landes, an seine Adelsgeschlechter, an Kampf, Sieg und Not ihrer Bewohner, der Ritter, Ritterfrauen und Burgmannen, an Legenden und Sagen gebunden, von denen nun im Folgenden berichtet werden soll.

Wer sich ein zutreffendes Bild vom mittelalterlichen Wehr- und Adelsbau im Zeitraum vom 11. bis 15. Jahrhundert in Bayern machen will, der ist schlecht beraten, wenn er nur die wenigen intakt erhaltenen Bauwerke dieser Periode betrachtet. Auch bei Hinzunahme der Ruinen muß das Ergebnis täuschen. Eine solche Aufzählung von Verteidigungswerken gibt wohl eine Vorstellung von den Mitteln, die den Menschen jener Tage Schutz und Sicherheit gab, sie kann jedoch kaum einen Begriff vom zahlenmäßig wirklichen Bestand geben. Dieser kann nur bei Einbeziehung der nur in Spuren vorhandenen oder lediglich urkundlich überlieferten Plätze erfaßt werden. Demnach ist es erforderlich, neben den Burgschlössern, Burgen und Ruinen auch von den Burgställen zu berichten, zumal etliche von diesen von historisch entscheidender Bedeutung waren. Es hieße das Geschichtsbild gröblich verfälschen, wenn hier nur von sichtbarer, mittelalterlicher Bausubstanz die Rede wäre. Um diesem Vorwurf zu entgehen, sind auch die obertägigen Bodendenkmale, also Plätze, die auf Grund der durch Menschenhand veränderten Oberfläche des Bodens als ehemalige Wehrbauten erkennbar sind, in die Betrachtung einbezogen.

Der besseren Übersicht und der landschaftlichen Bindungen wegen ist für die Darstellung die Gliederung des Stoffes nach Landkreisen geordnet gewählt, die auch in Hinblick auf die

ehemaligen Herrschaftsverhältnisse sinnvoll erscheint. Die Anlagen werden innerhalb dieser modernen Verwaltungsgrenzen in der oben angedeuteten Reihenfolge Schloß, Burg, Ruine, Burgstall jeweils in alphabetischer Folge vorgestellt.
Da bei der Erarbeitung des Materials für das vorliegende Buch Archivstudien nicht möglich waren, so enthält die beigegebene Übersichtskarte lediglich die in der einschlägigen Literatur sowie die in der Liste der obertägigen Bodendenkmale des Bayerischen Landesamts für Denkmalpflege genannten Burgen. Einen vollständigeren Überblick über die archivalisch ermittelten Burgorte gibt die Karte von Gertrud Diepolder im Bayerischen Geschichtsatlas.

Burghausen, Stadt und Burg nach einem Litho v. J. Poppel.

Landkreis Altötting

Burghausen Lit. Nr.: 6, 7, 8, 11, 12, 25, 27, 31, 36, 51, 58, 62

Wer die Absicht hat, Bayerns besterhaltene Burg kennenzulernen, der sollte zunächst über die Salzachbrücke auf das österreichische Hochufer steigen, um diesen außergewöhnlichen Wehrbau in seiner Gesamtheit zu überblicken und seine landschaftlichen Gegebenheiten zu begreifen. Beim Anblick des langgestreckten Bergspornes mag ihm deutlich werden, daß der von der Natur geschaffene Burgplatz seine Entstehung, ähnlich wie bei Wasserburg, den Schlangenwindungen eines Flusses verdankt. Während dort die Situation ihren ursprünglichen Aufbau bewahrte, ist bei Burghausen durch Abtrennung einer Schlinge nur einerseits das Flußbett der Salzach und rückwärts der Wöhrsee als Schutz verblieben.

Verlassen wir den Aussichtspunkt gegenüber der Kernburg, kehren wir ins Bayerische zurück, so zieht sich vom breiten Markt der Stadt die gewundene Straße den Berg hinan zum ersten Vorhof. Auf die Länge von fast einem Kilometer sind, im Verlauf einer langen Bauzeit, der Burg die fünf Höfe in zeitlicher und räumlicher Folge als Behinderung eines Angreifers vorgelegt.

Im weiten nördlichen Hof steht das achtseitige Brunnenhaus mit dem Uhrturm hinter der Roßwette. Ursprünglich erreichte man den Hof, der heute offen zugänglich ist, durch das Öttinger Tor und eine Zwingeranlage. Den eigentlichen Abschluß nach Norden bildete der von zwei Türmen flankierte Schüttkasten, der sowohl als Getreidespeicher wie auch als Schildmauer diente.

Nach Süden weiterschreitend gelangt man in den zweiten Hof auf einer Brücke über einen Abschnittsgraben. Bemerkenswert ist hier die äußere Burgkapelle oder Hedwigskapelle, ein spätgotischer Bau von vollendeter Schönheit, 1483 unter Herzog Georg dem Reichen erbaut. An den Stifter und sein Gemahl, die polnische Prinzessin, erinnert ein Relief mit Figuren der Stifter und ihrer Wappen an der Empore.

Den Abschluß des zweiten Hofes bildet das neue Zeughaus von 1574. Im dritten Hof wird die Front im Osten durch den zur Jugendherberge umgestalteten ehemaligen Haberkasten gebildet. Das kleine Haus am Osthang mit Treppengiebeln soll der bayerische Geschichtsschreiber Aventin bewohnt haben, der 1509/1510 als Erzieher der Prinzen Ludwig und Ernst bestellt war.

Abermals trennt ein Abschnittsgraben den dritten vom vierten Hof, über den eine Brücke, vom Zeugwärtl- oder Büchsenmeisterturm gedeckt, führt. Hier steht nach Westen der langgestreckte Bau des Getreidekastens bzw. Zeughauses, und endlich gelangt man über eine weitere Brücke zum mächtigen Bau des Georgentores, dessen Front die Wappen des Bauherrn und seiner Gemahlin, Herzog Georgs des Reichen und Hedwigs, der Tochter des Polenkönigs Kasimir, in steinernem Rahmen

Burghausen, zweischiffige, gewölbte Halle der Dürnitz.

trägt. Ulrich Pesnitzer war 1494 der Baumeister. Der vormals im Hof im Anschluß an den Torbau stehende Marstallbau mit der Pfisterei ist nicht erhalten. Der fortifikatorischen Bedeutung dieses unmittelbar vor dem tiefen Halsgraben der Kernburg gelegenen Hofraumes angemessen, war dieser auf der Westseite von Zwingeranlagen begleitet. Im Osten mündete hier in einem Torturm der alte Burgsteig von der Stadt herauf. Auf der Spitze des Bergspornes steht, durch die Vielzahl der Vorhöfe gesichert, die Kernburg. In ihrer Gesamtheit bietet die ausgedehnte Anlage mit ihren zahlreichen Giebeln, Türmen und Mauern das einzigartige Bild eines mittelalterlichen Wehrbaus in wohl nur selten anzutreffender unverfälschter Reinheit. Vermutlich war dieser von Natur so vorteilhaft gesicherte Platz bereits im 10. Jahrhundert Ort einer Fliehburg,

seit dem 11. Jahrhundert gibt es Nachrichten vom Bestand einer Hofstätte. Es waren wohl die Grafen von „Burchusen“, aus dem Adelsgeschlecht der Aribonen, die mit den Mitteln ihrer Zeit einen Wehrbau schufen, dessen Spuren allerdings nicht mehr nachzuweisen sind. Erst im 12. Jahrhundert entstanden Bauten, die den Kern der in späterer Zeit erweiterten und veränderten Burg bilden. Nach dem Aussterben der Aribonen kam Burghausen an den Welfen Heinrich den Löwen, Herzog von Bayern und Sachsen. Das Erbe, nach dessen unrühmlichen Abgang, traten die Wittelsbacher an.
Wesentliche Teile der Burg, der Palas, die innere Burgkapelle, die Dürnitz und die Kemenate wurden in der Regierungszeit Herzog Heinrichs XIII. (1255—1290) geschaffen. Die Burg, vom Typ eine Randhausburg, bedurfte keiner Ringmauer, die Angriffsseite schützte eine mächtige Schildmauer im Zusammenwirken mit dem das Tor deckenden, runden Bergfried. Von Anbeginn war hier ein Bauprogramm verwirklicht, das keiner Korrektur bedurfte. Größerer Raumbedarf bei Entwicklung eines umfangreicheren Hofstaates im 15. Jahrhundert unter den reichen Landshuter Herzögen konnte nur durch ständige Erweiterung auf der Felsrippe gegen Norden befriedigt werden. Hier war es vor allem Herzog Georg der Reiche, der in Hinblick auf die drohende Türkengefahr unter erheblichem Aufwand an Baumeistern und Werkleuten ein für seine Zeit modernes und unangreifbares Festungswerk schuf.
Die Beschreibung der einzelnen Bauten und Räume mag einer örtlichen Führung überlassen bleiben, die in jedem Fall sehr zu empfehlen ist. Man findet nicht nur eindrucksvolle Architektur, gewölbte Hallen, intime Interieurs, romantische Hofschluchten sondern daneben in den Sälen eine Zweiggalerie der Staatsgemäldesammlung mit wertvollen Gemälden und aus Beständen bayerischer Museen, Ausstattung der Räume mit Möbeln und Waffen des 16. und 17. Jahrhunderts.
Ist die Gesamtanlage sowohl in der Gruppierung der Baukörper wie auch im malerischen Gesamteindruck ein mittel-

Nach Durchschreiten des äußeren Tores gelangt der Besucher in Burghausen durch die unregelmäßig von Gebäuden des 13. bis 16. Jahrunderts begrenzte Hofschlucht zum Palas auf der Spitze des Geländesporns.

alterlicher Wehrbau von europäischem Rang, so bieten die zahlreichen wehrtechnischen Einzelheiten in vortrefflichem Erhaltungszustand dem Forscher wie dem Laien ein weites Betätigungsfeld und Erfahrungsgewinn.

Die Ansicht von Burghausen aus der Vogelschau läßt die Landschaftsform mit der abgetrennten Schleife der Salzach und die lange Reihe der Vorburghöfe erkennen.

Burghausen, die Bürgerstadt mit dem Markt im Schutz der Burg (rechte Seite).

Tüssling Lit. Nr.: 12, 25, 36, 62

Da wo heute das stattliche Quadrat des 1563 erbauten Schlosses mit den an drei Seiten des Hofes umlaufenden Arkaden steht, lag in der zweiten Hälfte des 14. Jahrhunderts eine Wasserburg der Herren von Törring.

Teising Lit. Nr.: 12, 36

Im Stil der Spätgotik erscheint der unregelmäßig polygonale Bau der Wasserburg mit ihrem Uhr- und Glockentürmchen, die noch im 17. Jahrhundert durch Anbauten erweitert wurde. Der äußere Wassergraben ist eingefüllt. Bereits die 1140 genannten Magenreiter gründeten hier eine erste Burg, in der Herrschaft folgten die von Pelkoven und die von Hornstein.

Altötting Lit. Nr.: 8, 27, 62

Es handelt sich hier zwar um keine Burg im Sinne des hohen Mittelalters, doch um einen mit den Mitteln der Zeit bewehrten herzoglichen Hof der Agilolfinger, der 748 erstmals genannt ist. 788 nach dem Sturz Tassilos erscheint er als karolingischer Königshof. Erhalten blieb am Ort die Kapelle, einer der ältesten Zentralbauten Deutschlands aus dem 8. Jahrhundert, zu dem bis auf den heutigen Tag Wallfahrer ihre Anliegen tragen. Ludwig der Deutsche, der hier oft anwesend war, nannte Altötting in Urkunden 832 und 837 königliche Pfalz. König Karlmann gründete hier an seinem Lieblingsaufenthalt ein Benediktinerkloster, zu dieser Zeit wurde die Kapelle bereits erwähnt. Die Pfalz ging in den Ungarnstürmen zugrunde, das steinerne Oktogon der Kapelle überdauerte. Es gibt

Schloß Tüssling, 1563 an Stelle einer Wasserburg erbaut.

Kunde von einer für die Geschichte Bayerns und Deutschlands bedeutenden Pfalz.

Arbing Lit. Nr.: 32, 36

Turmhügel ca. 725 m ostsüdöstlich von der Kirche Arbing.

Burg vorm. *Burgfried* gen. Lit. Nr.: 12, 36

Schlichter Giebelbau an Stelle der 1721 abgebrochenen mittelalterlichen Burg.

Endlkirchen Lit. Nr.: 32

Burgstall am Ortsrand des Ortsteils Steinhausen.

Gufflham Lit. Nr.: 32, 36

Burgstall ca. 500 m östlich Aichelberg.

Haiming Lit. Nr.: 12, 32

Burgstall ca. 625 m ostnordöstlich der Kirche Haiming. Im 12. Jahrhundert eigener Adel, dann nachfolgend Edle von Toblham, die Herren von Pelkoven, von Piesing, Christian Ulrich von Offenheim, 1667 Adam Kaspar von Freyberg, 1800 Frhr. von Berchem und Frhr. von Ow.

Kolbergschlößchen (Josephsburg) Lit. Nr.: 8, 58

Rechteckbau von 1491 mit mittlerem Turm vor dem östlichen Giebel.

Leonberg Lit. Nr.: 6, 36

Burgstall ostnordöstlich von Perach

Marktl Lit. Nr.: 32

Burgstall ca. 1000 m nordnordöstlich der Kirche Marktl. Sitz der Leonberger oder ihrer Nachfolger, der Grafen von Hals im 13. Jahrhundert.

Marktlberg / Leonberg Lit. Nr.: 6, 32

1. Burgstall westlich und nördlich Leonberg – 2. Burgstall „Schloßberg" 400 m nördlich Schallhub – 3. Burgstall unmittelbar südlich Altwies. Stammsitz der Grafen von Leonberg, um 1200 erstmals genannt. 1333 ist das Geschlecht ausgestorben. Zur Grafschaft Leonberg gehörten die Märkte Tann und Marktl. Eine zweite Grafschaft Leonberg befand sich bei Dingolfing in Niederbayern.

Perach Lit. Nr.: 32

Burgstall ca. 375 m östlich vom Tafelberg.

Piesing Lit. Nr.: 12

Am Platze einer verschwundenen Burg ein Schloßbau von 1726 mit Walmdach. Hier saßen die Offenheimer zu Piesing, die von Schwabpach, Frhr. von Berchem, Frhr. von Ow.

Reischach Lit. Nr.: 32

Burgstall ca. 200 m westlich Kaiserberg.

Schloßboden / Alzgern Lit. Nr.: 32

Burgstall ca. 100 m südsüdwestlich der Kirche Alzgern.

Schmidhub Lit. Nr.: 36

Burgstall auf dem Fahrweg von Niederperach nach Schmidhub.

Wald an der Alz Lit. Nr.: 12, 25

Die aus dem 12. Jahrhundert stammende Anlage wurde verändert, der Hauptturm stürzte 1680 ein. Die Burg war Besitz der Herren von Wald, die 1140 und 1177 urkundlich genannt sind. Konrad von Wald war Ministeriale Bischof Wolfkers von Passau, Ortlieb, der letzte des Geschlechts, starb 1371. Im Besitz folgten die Herzöge von Bayern, die Hans von der Leiter aus der aus Italien heimgekehrten Familie della Scala belehnten. Es folgten 1602–1780 die Grafen von Wartenberg. Am Torbogen liest man die Inschrift: „Das Rauschen des Wassers – Der Gesang der Vögel – und die Stille des Waldes machen mir diesen Ort angenehm. Graf Wartenberg 1686“.

Burg Wald a. d. Alz nach einem Kupferstich von Mich. Wening.

Ein tiefer Graben trennt die Burgstelle vom Gelände, die moderne Brücke führt zum Vortor, neben dem unmittelbar der mit einer Zwiebelhaube bekrönte Kapellenturm aufragt. Dieser ist durch ein schmales Höfchen seitlich vom Schloß getrennt.

Winhöring Lit. Nr.: 12, 32

Turmhügel ca. 125 m nördlich der Kapelle Burg. Der Schloßbau im Ort um 1400 von Wilhelm von Frauenhofen erbaut. Das gegenwärtige Schloß Frauenbühl bei Winhöring wurde 1621 begonnen, aber erst 1721–1730 vollendet.

Schloß Harmating blieb seit Wenings Stich um 1710 unverändert.

Landkreis Bad Tölz-Wolfratshausen

Ascholding Lit. Nr.: 12, 37

Wo der Moosbach aus dem Egerlinger Filz im breiten Nebental der Isar zufließt, liegt weit außerhalb der Ortschaft das Schloß, an dessen Ort schon ein im 8. Jahrhundert bezeugter eigener Adel, die „ascowendigas" = Ascholdinger, saß. Als Zeugen erscheinen in Urkunden 1170 Hermann de Aschentingen, 1203 Rupertus et Bernardus de Ascholding, 1282 und 1286 Ulricus de Ascholding. Vom letzten Ascholdinger Ludwig, Richter zu Landsberg, erwarben die Herzöge von Bayern den Besitz. Durch Kauf kam er 1469 an die Münchener Patrizierfamilie Ligsalz. Die Gattin des letzten Trägers dieses Namens heiratete in zweiter Ehe einen Herrn Barth von Harmating, wodurch Ascholding vorübergehend mit dem genau östlich benachbarten Burgsitz vereinigt war. 1580 erfolgte ein Umbau. Im Besitz folgten nun drei Generationen der Grafen Königsfeld. Nach deren Aussterben wechselte der Besitz häufig. Die kleine Wasserburg hat sich seit Wenings Darstellung um 1700 wenig verändert. Durch Abbruch der zinnengekrönten Ringmauer verlor sie den Wehrcharakter. 1811 ist das Schloß in biedermeierlicher Manier umgestaltet worden.

Harmating Lit. Nr.: 12, 37, 38

Am östlichen Rand des Moosbachtales steht das Schloß auf der Höhe, es hat noch durchaus mittelalterliches Gepräge und ist seit Wenings Darstellung völlig unverändert, nur der Dachreiter der Schloßkapelle trägt heute einen Spitzhelm an Stelle der vormaligen Zwiebelhaube. Schon 1140 ist hier ein eigener Adel bezeugt, um 1300 werden die Waldegger als Besitzer genannt, seit 1386 war der Sitz Eigentum der Familie Barth, die sich nach ihm Barth von Harmating schrieb. Das hohe Schopfwalmdach des einfachen, rechteckigen Baukörpers ist mit Schindeln gedeckt, die Giebelseite ist mit einem durch alle Geschosse gehenden Erker belebt. 1630 wurde die Kapelle angebaut, ein einfacher Raum mit drei Jochen Kreuzgratgewölben überspannt.

Hohenburg Lit. Nr.: 8, 12, 25, 36, 62

Östlich des 1712—1718 erbauten Schlosses steht die geringe Ruine der Burg, von der Mauerreste zeugen. Auf runder Bergzunge blieb noch der Bergfried mit bis zu 5 m hohem Füllmauerwerk, erkennbar ist außerdem ein quadratischer Erdgeschoßraum von ca. 2 m Seitenlänge, der gewölbt war. Um 1100 saß hier die Familie von Tann, Ministerialen des Grafen Berthold von Andechs, die vermutlich in den Kreuzzügen zu-

Die Hohenburg bei Lenggries wie sie M. Wening um 1710 sah.

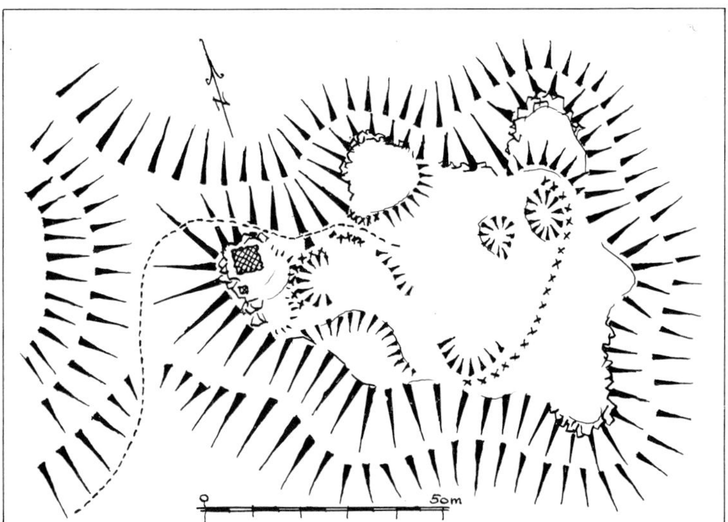

Lageskizze der Ruine Hohenburg, Reste von Bergfried und Mauern.

grunde gingen. Es folgten im Besitz von 1180—1265 die Tölzer, dann die Herzöge von Bayern. Nach wechselndem Besitz folgten 1566 die Hörwarth bis 1800. 1707 wurde die Burg im Spanischen Erbfolgekrieg zerstört. Das bestehende Schloß im Tal, seit 1870 Eigentum des Herzogs Adolf von Nassau, nachmals Großherzog von Luxemburg und seiner Nachkommen, wird nun von einer Liegenschafts GmbH verwaltet.

Aufhofen Lit. Nr.: 6, 25, 36

Die Burg, zwischen Deining und Deisenhofen gelegen, ist restlos verschwunden. Besitzer waren die Hechenkircher, Pienzenauer, Seyboldsdorfer, Mörmann etc.

Deining Lit. Nr.: 32

Der Burgstall liegt ca. 325 m nordnordöstlich der Kapelle Hornstein

Eulenschwang Lit. Nr.: 36

Burgstall am Schanzberg

Eurasburg-Iringsburg Lit. Nr.: 25, 36, 38

Die Herren von Iring saßen auf ihrer Burg Eurasburg, nach welcher sich Ritter Eberhard von Eurasburg nannte. Er übergab 1040 das Kastrum Iring seinem Sohn Albrecht, aus dessen Ehe mit Berta die Söhne Konrad, Eberhard und Otto stammten, die gemeinsam das Kloster Beuerberg gründeten. Eberhard der Vater hatte 1077 Kaiser Heinrich IV. auf dem Zug nach Canossa begleitet und war als dessen Anhänger von Papst Gregor VII. mit dem Bann belegt. Das Geschlecht der Iringsburg-Eurasburg starb 1397 aus. Durch Heirat kam der Besitz an die Thorer, ihnen folgte 1587 Herzog Wilhelm von Bayern bis 1612, dann Ulrich Elsenheim und endlich 1626

Herzog Albrecht, der Bruder Kurfürst Maximilians, der das noch bestehende, nach Brand instandgesetzte Schloß baute. Der Burgstall, aus dessen Steinen 1626 das Schloß erbaut wurde, liegt hinter dem Schloß.

Hechenberg Lit. Nr.: 25, 32

Oberhalb von Bad Tölz liegt der Burgstall beim gleichnamigen Ort, an der Stelle der Burg ist nun ein Meierhof „Zum Schloßbauern", hier war der Sitz eines Rittergeschlechts gleichen Namens bereits im 11. Jahrhundert. In Urkunden sind 1033 Ricker de Hohanberg und 1045 Dietmar genannt. Andere Vertreter des Geschlechts zeugten in Urkunden des Klosters Dietramszell und für Herzog Konrad von Dachau. Wahrscheinlich ging das Geschlecht in den Kreuzzügen unter, als Erben folgten die von Tölz und Hohenburg, dann noch verschiedene Besitzer bis zum Untergang der Burg im 15. Jahrhundert.

Hoheneck Lit. Nr.: 25, 32, 62

Wall und Graben bezeichnen noch den Ort an dem die Burg stand. Der Burgstall liegt an der Wolfratshauser Straße von Tölz an der Abzweigung nach Buchen beim Peterbauernhof. Im 12. Jahrhundert saß hier ein Zweig der Ritter von Hohenburg, der sich nach der Burg nannte. Ricker von Hoheneck begleitete Herzog Heinrich den Löwen 1172 auf dem Kreuzzug, bei dem er vermutlich umkam. Die Burg kam an das Kloster Tegernsee und später im 14. Jahrhundert an die Edlen von Pienzenau. Durch Tausch mit Herzog Stephan d. J. erhielt Otto von Pienzenau 1394 die Veste Hademarsberg gegen den Burgstall Hoheneck und die Burg Reichersbeuern (s. Hademarsberg S. 217). 1684 soll die Burg noch intakt gewesen sein.

Hornstein Lit. Nr.: 25, 62

Am Halsgraben ist auf dem rechten Steilufer der Isar gegenüber dem Kloster Schäftlarn der Burgstall noch zu erkennen.

Mauerreste sind nicht erhalten. 1255 sind die von Hornstein urkundlich genannt; durch Heirat der letzten von Hornstein, Sofia, kam die Burg an Eberhard von Klamenthor. Otto der Thorer zu Hornstein kam 1238 bei einem Jagdunfall ums Leben. Georg der Thorer starb 1446 als letzter Herr auf Burg Hornstein.

In der Burg Lit. Nr.: 32

Ein Burgstall 1300 m nordwestlich der Kapelle Wegscheid.

Iringsburg Lit. Nr.: 25

s. Eurasburg

Kellerberg Lit. Nr.: 32

Der Turmhügel liegt am nördlichen Ortsrand von Happerg.

Kirchbichl Lit. Nr.: 32

1. Ein Burgstall ca. 100 m westlich der Kirche Hechenberg,
2. ein Turmhügel ca. 100 m nordnordöstlich der Kirche Hechenberg.

Oberherrenhausen Lit. Nr.: 25

Der Burgstall liegt beim Ort auf einer Kuppe. Otto von Iringsburg nannte sich von Herrenhausen, er übergab seine Burg 1291 dem Kloster Beuerberg, dessen Gründer er gemeinsam mit seinen Brüdern Eberhard und Konrad war. Das Kloster ließ die Burg abbrechen.

Bad Tölz Lit. Nr.: 36, 62

Der Ort erhielt seine Bedeutung durch die hier die Isar kreuzende Salzstraße. 1182 saß hier das Geschlecht der Edlen von

Tollenze, das 1265 ausstarb. Als 1453 die Stadt und die Burg abbrannten, wurde diese außerhalb der Siedlung im Osten als Schloß mit Unterstützung Herzog Albrechts III. in Steinbauweise neu errichtet. Herzog Wilhelm V. und Kurfürst Ferdinand Maria bewohnten gelegentlich das Schloß. Bereits seit dem Ende des 16. Jahrhunderts vernachlässigt, stürzte es 1770 ein und wurde gänzlich abgebrochen.

Königsdorf Lit. Nr.: 36

Hier stand die Burg der Ritter von Hechenkirchen, die im 30jährigen Krieg zerstört wurde.

Reith Lit. Nr.: 36, 62

Die ehemalige Burg bei Dietramszell ist verschwunden.

Sachsenhausen Lit. Nr.: 10

Ein Burgstall bei Schäftlarn. Heinrich von Sachsenhausen, Bruder von Chunrad dem Tutzinger, ist zu Beginn des 14. Jahrhunderts im jüngeren Urbar der wittelsbachischen Güter genannt.

Sachsenkam Lit. Nr.: 36, 62

Eine verschwundene Burg südwestlich vom Dorf.

Schallenkam Lit. Nr.: 32

Am Ostufer des Starnberger Sees liegt der Burgstall ca. 650 m nordnordwestlich der Kirche Schallenkam.

Schellenberg Lit. Nr.: 25, 36

Eine verschwundene Burg gegenüber Hohenburg auf dem linken Ufer der Isar. Ein Rudegeros de Skellenberg ist 1155 als

Zeuge in einer Urkunde des Klosters Schäftlarn genannt. 1170 erbte Heinrich von Schellenberg die Burgen Hohenburg und Tölz, 1708 ist das Geschlecht ausgestorben.

Schönegg Lit. Nr.: 62

Von der geringen Ruine bei Dietramszell verblieb noch überwachsenes Mauerwerk.

Thanning-Aufhofen Lit. Nr.: 32

Der Turmhügel im großen Moos liegt nordnordwestlich der Kirche Aufhofen, ca. 650 m entfernt.

Wolfratshausen Lit. Nr.: 25, 36, 62

Graf Otto von Diessen-Andechs baute um 1100 eine Burg auf einer Anhöhe über der Kastenmühle von Weidach. In Zeiten als Streit und Fehde der Normalzustand waren, widerstand kaum ein Wehrbau feindlichen Angriffen. Die Burg Wolfratshausen wurde 1133, 1210 und 1243 berannt und zerstört, hernach jeweils wieder aufgebaut. Otto II. von Diessen-Andechs nannte sich 1116 erstmals von Wolfratshausen, er wurde 1122 als Mönch im Kloster Seeon begraben. Das Geschlecht der Grafen von Wolfratshausen aus einer Nebenlinie der Andechser erlosch mit Graf Heinrich II. 1157. Nach dem schmählichen Ende des Hauses Andechs-Meranien kam Wolfratshausen an die erbitterten Gegner, die Wittelsbacher, hinfort hausten hier herzogliche Richter. Im 30jährigen Krieg blieb auch diese Burg nicht unbehelligt. 1632 und 1648 plünderten hier die Schweden. Den endgültigen Untergang brachte ein Blitzschlag 1734, der das Pulverlager zündete und eine heftigte Explosion auslöste. Der Burgplatz auf dem Schloßberg ist noch kenntlich.

Burgruine Karlstein, eine typische Gipfelburg auf dem Felsen.

Landkreis Berchtesgadener Land

Gruttenstein Lit. Nr.: 8, 12, 58, 62

Am östlichen Ortsrand von Reichenhall steht auf der Höhe die Burg, die um 1219 bzw. 1229 Herzog Ludwig der Kelheimer zum Schutz gegen Salzburg gründete. Sie bietet noch heute, obwohl mehrfach nach Belagerungen und Bränden verändert, das Bild eines mittelalterlichen Wehrbaus. Erste Schäden erlitt die Burg 1266 im Kampf Herzog Heinrichs von Niederbayern gegen Ottokar von Böhmen, der sie belagerte und teilweise verbrannte. Ebenso erging es dem Bau bei den Auseinandersetzungen Kaiser Ludwigs des Bayern mit Philipp dem Schönen von Habsburg im 14. Jahrhundert. 1763 wurde ein herzogliches Pflegamt mit Sitz des Pflegers etabliert, nun beherbergt die Burg Wohnungen der Salinenangestellten.

Laufen Lit. Nr.: 6, 36, 58

Zur Zeit des Erzbischofs Virgil von Salzburg (745—784) ist das „castellum ad Loffi" erwähnt. Vielleicht baute man die Burg auf römischen Resten. Mit Sicherheit gab es eine mittelalterliche Burg bereits im 13. Jahrhundert aus der durch Umbauten 1424 und 1606 und weiteren Veränderungen der endgültige Zustand geschaffen wurde. Heute erscheint die ehemalige Wasserburg als viergeschossiger, vierseitiger Baukomplex. Der Erzbischof von Salzburg benutzte den Lustsitz zur Jagd, heute sind im Schloß Behörden angesiedelt.

Marzoll Lit. Nr.: 12, 25, 36, 38

An Stelle einer Burg des 11. Jahrhunderts, die durch Brand vernichtet wurde, entstand bereits zu Ende des 14. Jahrhunderts der Sitz der Familie Fröschl von Marzoll, ihres Zeichens Siedeherrn in Reichenhall. 1574 kam die Herrschaft an den Edlen Christian von Freising und Aichach, um 1605 an Herrn Lasser von Lassberg bis 1834, dann an die von Aretin und endlich 1878 an Freiherrn von Malsen. Das Gesicht des Schlosses ist gegenwärtig von den neugotischen Veränderungen von 1840 bestimmt. Insgesamt wirkt der vierflügelige Bau mit runden Ecktürmen, der sich im Wasser des auf zwei Seiten erhaltenen Wassergraben spiegelt, noch durchaus wehrhaft. Eine Jahrzahl 1527 am Kamin im Fletz mag als Datum für die endgültige Gestaltung gelten, die die Fröschl von Marzoll schufen.

Am Tor der Sperrmauer zum Schutze der Fürstabtei Berchtesgaden steht nur noch der Hallturm.

Staufeneck Lit. Nr.: 8, 12, 25, 27, 36, 37, 38, 58, 62

Angeblich gründeten die Aribonen bereits im 10. Jahrhundert am westlichen Ufer der Saalach die Burg, auf der nachfolgend die Grafen von Plain, die sich Plain von Staufeneck nannten, saßen. Deren Ministerialen, die Burggrafen von Staufeneck, fungierten im 12. Jahrhundert als Vögte, Richter und Procuratoren, sie standen im Streit zwischen Herzog Heinrich von Niederbayern und dem Erzbischof von Salzburg auf bayerischer Seite, was ihnen von Salzburg die Exkommunizierung

Die neugotische Front von Marzoll spiegelt sich im Ringgraben.

Zum Schutze der Saline in Reichenhall wurde Burg Gruttenstein erbaut.

eintrug. Wechselnde Zuwendung nach beiden Parteien schwächten ihre Stellung, so daß sie widriger Umstände halber die Burg 1306 an den Erzbischof verkaufen mußten. Ihre modernisierte, endgültige Gestalt erhielt die Burg, die zu dieser Zeit wohl bereits Altersschäden zeigte, 1513 durch einen radikalen Umbau, der wohl einem Neubau gleichkam. Bauherr war Erzbischof Leonhard von Keutschach, die Baunachricht bei seinem Wappen über dem Tor verkündet stolz: „Erzbz lienhart zu Salbrz hat das Slos paut und Volbracht Anno domini 1513 Jar". Ein trapezförmiger Wohnbau an der Spitze des Sporns setzt sich mit zwei Flügeln einen Hof einschließend gegen die Frontseite fort. Dieser kommt mit zwei starken Ecktürmen, die das überwölbte Torhaus einschließen, die Funktion einer Schildmauer zu. Eine Brücke über den Halsgraben führt zum Tor, dem ein ovaler Torzwinger vorgelegt

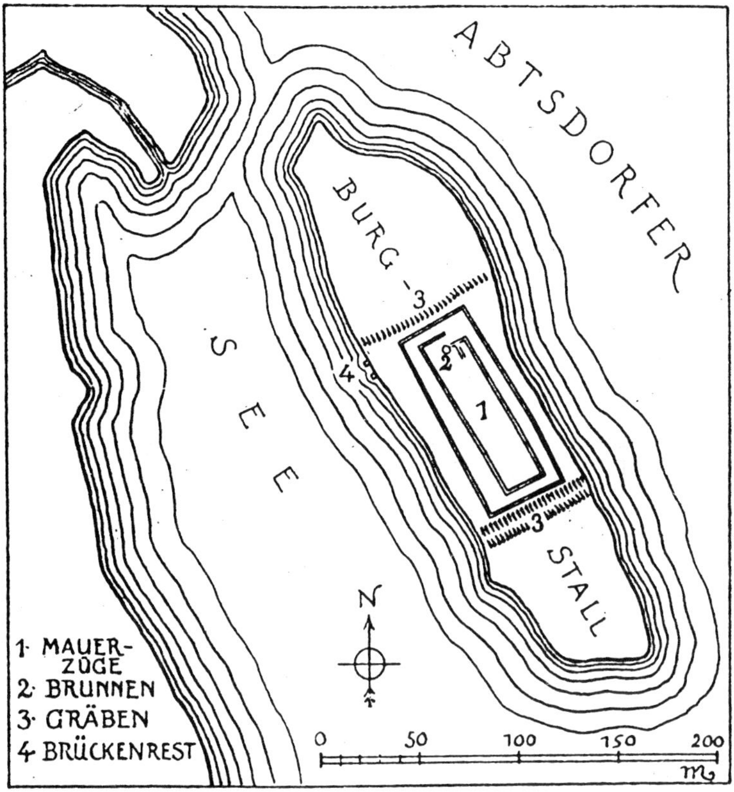

Plan der Ruine Saaldorf im Abtsdorfer See. a. KD. Obb. BA Laufen.

ist. Das Burgmuseum zeigt im Westturm eine reiche Sammlung von Rechtsaltertümern und Folterwerkzeug, im Ostturm ist im Erdgeschoß die Kapelle. In weiteren Räumen findet der Besucher bürgerliche und bäuerliche Möbel und Volkskunst. Bemerkenswert ist der unter der Traufe um die ganze Burg geführte Wehrgang mit einem in Kopfhöhe vorgesetzten Balkenschirm auf einem Mauersockel, ein in solch gutem Erhaltungszustand seltenes Wehrbaudetail.

Burg Staufeneck wurde unter dem Erzbischof von Salzburg, Leonhard von Keutschach, 1513 endgültig gestaltet.

Bis 1805 diente die Burg als Sitz eines salzburgischen Pfleggerichts, von 1803—1858 war hier ein bayerisches Forstamt, Herr von Baltazzi bewohnte die Burg bis 1894 als dieses in den Besitz der Familie von Thiereck kam. Neuerdings gehören Burg und Museum der Gemeinde Piding.

Triebenbach Lit. Nr.: 8, 12, 25, 27, 59, 62

Am südlichen Salzachufer liegt unweit Laufen das vom Triebenbach umflossene Weiherhaus, das bereits 980 in einer Urkunde des Klosters St. Peter in Salzburg als Trübinbach genannt ist. 1355 und 1474 als Wehrbau erwähnt und 1520 umgebaut. Die vier runden Ecktürme der Ringmauer wurden 1824 abgebrochen. Im 14. Jahrhundert belehnte der Erzbischof von Salzburg die Ritter von Kuchel mit der Burg, bis 1561 folgten die Ritter von Alm. Seinen Jugendfreund, den

Herrn von Schiedenhofen, besuchte im 18. Jahrhundert hier Mozart gern. Ein großer Saal im Obergeschoß ist von einer Balkendecke auf einem Unterzug überspannt und mit Wandmalereien des 16. Jahrhunderts verziert. Der viergeschossige Wohnbau mit Krüppelwalmdach ist durch einen niedrigeren, im Winkel anstoßenden Zwischenflügel, den hofseitig eine offene Galerie und ein Türmchen beleben, mit einem starken, quadratischen Turm verbunden, über dessen Zeltdach eine Laterne mit Zwiebelhaube steht.

Kloster Höglwörth Lit. Nr.: 36, 58, 62

Das malerisch auf einer Halbinsel in einem See gelegene ehemalige Augustinerkloster steht am Ort eine vormals Grub genannten, vermutlich von den Grafen von Plain im 9. Jahrhundert erbauten Burg. Beispiele für ähnliche Umwandlungen von Burgen in Klöster sind Ebersberg, Seeon, Diessen, Rott und Au am Inn.

Kirchberg Lit. Nr.: 12, 58

Hier befand sich eine Burg, von der nur das Datum des Abbruchs 1144 überliefert ist. An gleicher Stelle steht nun ein Schlößchen des 18. Jahrhunderts.

Amerang = Amering = Ainrage Lit. Nr.: 8, 12, 25

Von der gegenüber Karlstein gleichfalls auf hohem Felsen gelegenen geringen Ruine eines Wohnturms sind kaum Reste erhalten. Ein gleichnamiges Rittergeschlecht, Edelknechte der Peilsteiner, ist im 12. Jahrhundert genannt.

Hallthurm Lit. Nr.: 37, 58, 62

Der dreigeschossige, quadratische Turm aus dem 13. Jahrhundert mit einem Schindeldach beschützte vor Zeiten ein 1876

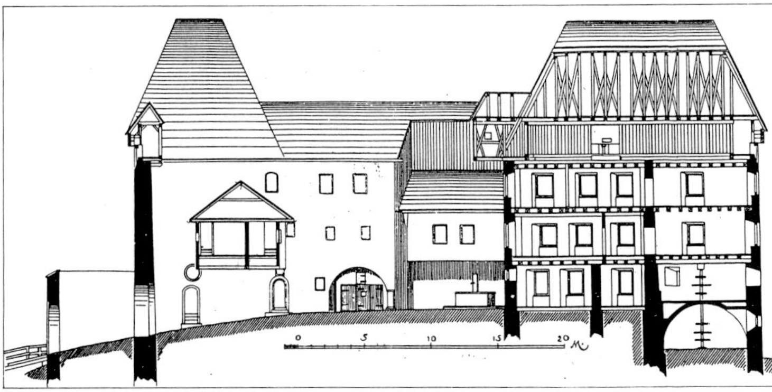

Längsschnitt durch die Burg Staufeneck, nach M. Wieser, S. 15

abgebrochenes Tor auf der Straße von Reichenhall nach Berchtesgaden. Anschließend ist ein Mauerstück als Teil eines Gebäudes erhalten. Jenseits der Bahnlinie sind noch bis zu 3 m hohe Reste einer Sperrmauer sichtbar, die auf eine Länge von ca. 300 m das Tal sperrte. Die Mauer, in deren Verlauf noch Reste von Wehrtürmen und Basteien erkennbar sind, trug einen Wehrgang.

Karlstein Lit. Nr.: 6, 36, 37, 38, 59, 62

Wie ein Adlerhorst steht die Burg auf der Spitze des allseits schroff senkrecht abfallenden Felszahnes, nur auf einer hölzernen Stiege ist der Zugang möglich, man kann sich keinen sichereren Ort vorstellen. Der enge Burgraum ist rings von Gebäuden umschlossen, ein kurzes Stück schließt die Ringmauer, in die auch der runde Bergfried eingespannt ist. Bis 1218 war hier der Sitz der Hallgrafen von Peilstein, die ihn wahrscheinlich gegründet haben. Die bayerischen Herzöge machten als Nachfolger die Burg zum Zentrum einer Hofmark und besetzten sie mit Pflegern. Nachdem 1699 die Hofmarksverwaltung durch den Pfleger von Reichenhall übernommen war, verfiel die Burg trotz zwischenzeitlicher Instandsetzungen. Als sie nicht mehr bewohnt war, wurde sie als Steinbruch ausgeschlachtet und damit zur Ruine gemacht. Das Burgfräulein Gisela soll in stürmischen Nächten um den Felsen geistern. Die Sage berichtet, daß die Jungfrau sich an ihrem Hochzeitstage in die Tiefe stürzte, weil sie statt ihres Herzallerliebsten einen vom strengen Vater gewählten ungeliebten Gatten freien sollte.

Laroswart Lit. Nr.: 58, 62

Eine Straßensperre 8 km nördlich Berchtesgaden bei Schellenberg, entsprechend Hallthurm hier zum Schutz des Durchgangs von der Fürstpropstei Berchtesgaden zum Erzbistum Salzburg angelegt. Erhalten blieb der Teil eines Turmes aus Bruchsteinmauerwerk mit rechteckigen Schießscharten am 1. Obergeschoß. Die Sperre wurde 1841 bis auf den Wachtturm abgetragen.

Lebenau Lit. Nr.: 6, 22, 25, 27, 36, 58, 62

Die geringe Ruine über der Salzach ist der Überrest der Burg der Grafen von Lebenau, die um 1130 gegründet wurde. Die Grundmauern des starken Bergfrieds sind in einem Hügel von Vegetation überwachsen. Die Burg lag an sehr günstiger Stelle hoch über dem linken Salzachufer auf einem Bergvorsprung, der von dem Massiv des Hinterlandes durch eine tief eingeschnittene Talschlucht und einen breiten Graben getrennt war.

Der Erbauer war vermutlich Graf Siegfried von Lebenau, seine Teilnahme am Kreuzzug 1180 ist urkundlich belegt. Nach Aussterben des Geschlechts kam die Burg 1229 an die Herzöge von Bayern, bereits 1254 ging die Herrschaft durch den Ehartinger Vertrag an das Hochstift Salzburg. Nach Brandschaden baute Urban Tumberg die Burg nach 1456 in vier Jahren wieder auf, 1506 ließ Erzbischof Leonhard von Keutschach den

Wehrbau ausbauen und verstärken. Der am benachbarten Gasthaus eingemauerte Wappenstein des Erzbischofs dokumentiert diese Maßnahme. Die Verlegung des Amtes Lebenau nach Laufen bedeutete einen empfindlichen Bedeutungsverlust, der, obgleich 1620 nochmals renoviert, die Preisgabe der Burg bedingte. 1714 kaufte der Wirt von Lebenau die Ruine, benutzte das Material zum Bau des neuen Gasthauses, das er mit dem übertragenen Wappenstein – siehe oben – verzierte. Übrig blieb ein Burgstall ohne Mauerreste.

Raschenberg-Rauschenberg Lit. Nr.: 27, 32, 36, 58, 62

Die geringe Ruine liegt auf dem Raschenberg ca. 400 m südlich bei Oberteisendorf. Erhalten blieben geringe Reste des Bergfrieds und der Halsgraben. Die Burg, wohl eine Gründung der Grafen von Plain im 12./13. Jahrhundert, kam 1275 von Herzog Heinrich XIII. an Erzbischof Friedrich Kern von Salzburg und diente dann als Amtssitz. 1418—1424 war Ritter Martin Haunsberg Pfleger. 1575 war die Burg bereits verlassen.

Vachenlueg Lit. Nr.: 25, 36, 58, 61

Die Ruine liegt an dem Höhenrücken, der die Straße von Salzburg nach Reichenhall trennt am Fuß des Högl. Martin und Hans Haunsberg, Pfleger von Raschenberg, sollen die Burg 1414 erbaut haben, das Geschlecht starb 1699 aus. Seit 1824 ist die Burg Ruine, erhalten blieb eine ca. 3 m hohe Mauer und eine kleine Kapelle.

Vager Lit. Nr.: 25, 27, 62

Reste eines Turmes, Vogtturm genannt, befanden sich am Ort, an dem das Schloß Oberhausen steht. Ritter de Vageras sind 1177 genannt, sie waren Ministerialen der Grafen von Peilstein.

Burgschloß Triebenbach stand vormals im Schutz des Ringgrabens.

Anger Lit. Nr.: 5

Ein Burgstall ohne Reste, sagenhaft ist wohl die Nachricht, daß im 8. Jahrhundert am Ort eine Burg des Grafen Wittigo stand.

Adelstetten / Ainring Lit. Nr.: 36

Burgstall südlich der Straße nach Traunstein. Besitzer waren die Lindl zu Traunstein, Kloster Loreto Salzburg, Caspar Zuccalli, Salzburger Hofbaumeister und andere.

Axelmannstein Lit. Nr.: 58

Wo heute das Nobelhotel in Reichenhall steht, befand sich vor Zeiten ein Edelsitz, der erstmals 1017 im Urbarium des Benediktinerklosters Tegernsee als Sitz der Familie Allmanstein unter dem Namen „Ehsilmannstein" verzeichnet ist. Er blieb im Eigentum des Klosters bis zum 14. Jahrhundert und kam dann an die Familie der Grafen von Achseln, die ihn längere Zeit bewohnte. Im 17. Jahrhundert war das Schloß ein rechteckiger Giebelbau mit vier runden Ecktürmen. Der Hotelneubau entstand 1909/1910.

Saaldorf Lit. Nr.: 12, 58, 62

Der Name Burgstall für die Insel im Abtsdorfer See bezeichnet das Eiland als Standort eines mittelalterlichen Wehrbaus, von dem obertägig keine Reste erhalten sind. Gegründet wurde das feste Haus 1355 als die Herrn von Kuchel mit Genehmigung des Erzbischofs Ortolph von Salzburg eine Veste in der Mitte des Abtsees bauten. Die Eroberung der Burg im Krieg der bayerischen Herzöge gegen das Erzstift Salzburg 1387 veranlaßte die Herrn von Kuchel, ihre Herrschaft den Siegern um 120 Pfund Wiener Pfennige zu überlassen. Nach abermaligem Besitzwechsel und Zerstörung der Inselburg durch Truppen des Schwäbischen Bundes 1388 verblieb eine Ruine, von der nach einem Bericht 1803 noch beträchtliche Reste standen, die jedoch von Bewohnern des Umlandes abgetragen wurden.

Surheim Lit. Nr.: 36, 62

Ein Adelsgeschlecht, die Pilgrim von Surheim, sind 1134 genannt, von ihrer Burg gibt es keine Reste.

Das kurfürstliche Residenzschloß Dachau, Nachfolgebau der Burg des 12. Jahrhunderts. Kupferstich von Mich. Wening um 1710.

Landkreis Dachau

Dachau Lit. Nr.: 6, 8, 25, 36, 38

Am Platze der mehrfach abgebrannten mittelalterlichen Burg steht das 1556 erbaute Schloß. Konrad I., Sohn Graf Arnulfs III. von Scheyern und dessen Gemahlin Beatrix, nannte sich seit 1130 Graf von Dachau. Zu dieser Zeit wurde vermutlich die Burg gegründet. Kaiser Friedrich I. ernannte 1152 Konrad II. von Dachau zum Titularherzog von Meranien, Dalmatien und Kroatien. Konrad III. nahm 1171 am Zug Heinrichs des Löwen nach Palästina teil, er starb um 1180. Seine Witwe verkaufte die Grafschaft Dachau an Herzog Otto I. von Bayern, dieser baute die verwahrloste Burg wieder auf. Der letzte Graf von Dachau Arnulf, Konrads III. Vormund und Onkel, starb 1187. Die Wittelsbacher bauten die Burg nach jeweiligen Verwüstungen 1398 und 1403 wieder auf und errichteten an ihrer Stelle 1546—1573 das noch bestehende Schloß, dessen Fassaden 1715 Josef Effner gestaltete.

Eisenhofen / Glaneck Lit. Nr.: 32, 36

Burgstall bei der Kirche Petersberg. Die Burg war Gemeinschaftsbesitz der Grafen Otto von Scheyern und Berthold von Burgeck. 1107 erfolgte hier die Klostergründung.

Eisolzried Lit. Nr.: 12, 36

Am Platze der vormaligen Burg steht ein erdgeschossiger Steilgiebelbau. Ein wittelsbachischer Ministeriale, Heinrich von Eisolzried, ist zu Anfang des 13. Jahrhunderts genannt, sein Sitz war die gleichnamige Burg, die wohl in der zweiten Hälfte des 14. Jahrhunderts von den Preysingern zu Baierbrunn erneuert wurde. 1390 erwarb Ritter von Sätzlingen die Burg, die 1467 an Herzog Sigismund von Bayern verkauft wurde. Weitere Besitzer waren 1472 Hofmeister Jörg Eisenhofer, am Ende des 16. Jahrhunderts Hans Christoph Hundt und zu Anfang des 18. Jahrhunderts die Familie Ruffin. Der im 30jährigen Krieg zerstörten Wasserburg folgte ein Neubau.

Frauenhofen Lit. Nr.: 36

Ein Burgstall auf dem Schloßberg.

Haimhausen Lit. Nr.: 6, 8, 12, 36

Das prächtige Barockschloß am Ort der mittelalterlichen Burg baute in der 2. Hälfte des 17. Jahrhunderts François Cuvilliés d. Ä. Die Herrschaft war im 12. Jahrhundert Besitz der Grafen von Valley, einer Nebenlinie der Grafen von Dachau. Nach

Schloß Odelzhausen steht am Platz einer mittelalterlichen Burg.

deren Aussterben kam der Besitz an Herzog Otto II. von Bayern, der ihn 1310 dem herzoglichen Marschall Albrecht Judmann als Lehen gab. Wieder in der Hand des Herzogs, verkaufte Herzog Albrecht III. die Herrschaft an Ulrich Weichser zu Weichs. Nochmaliger Wechsel 1440 zum Herzog, endlich 1603 Eigentum von Theodor Viepeck.

Odelzhausen Lit. Nr.: 6, 12, 36

Im 14. Jahrhundert saßen Ritter von Eisenhofen (s. o.) auf der Burg Odelzhausen, die 1415 in den Besitz der bayerischen

Herzoge kam. 1457 verkaufte Herzog Albrecht III. die Burg an Christoph Auer zu Pullach. Die Hundt zu Lauterbach verwandelten wahrscheinlich den schadhaften Bau in ein Schloß, das mit Veränderungen und Anbauten auf der Höhe jenseits des Ortes steht. Auf die Hundt folgten die Grafen von Simeoni und die Grafen Törring als Besitzer. Der stattliche Bau mit einem Rundturm am vorderen Eck dient nun als Hotel.

Deutenhofen Lit. Nr.: 36

Bis 1300 saßen hier Edle von Deutenhofen, dann von Reitmor. Neubau 1632, später entstellend verändert.

Herrenberg / Ainhofen Lit. Nr.: 32

Frühmittelalterliche Abschnittsbefestigung ca. 700 m westlich Grainhof.

Hilgertshausen Lit. Nr.: 12, 25

Der an Stelle der Burg 1648 erstellte Schloßbau ist bereits abgegangen, erhalten blieb nur der Rest eines Tores in der Einfriedigungsmauer. Die Burg der Herren von Hilgertshausen aus dem 13. Jahrhundert kam an die stammverwandten Ritter von Kammerberg. 1648 verbrannten die Schweden die Burg.

Hirtlbach / Dürrer Anger Lit. Nr.: 32

Rest einer mittelalterlichen Abschnittsbefestigung 300 m südöstlich der Kirche Hirtlbach auf dem Biberecker Berg.

Kollbach Lit. Nr.: 32

Ein Turmhügel, ca. 1050 m westlich der Kirche Kollbach.

Schloß Lauterbach, vormals Burg von Dachauer Ministerialen.

Lauterbach Lit. Nr.: 6, 6a, 12, 62

Die wohl in der ersten Hälfte des 13. Jahrhunderts gegründete Burg eines Ministerialengeschlechts der Dachauer war von 1250—1437 Sitz dieses Geschlechts. Aus dieser Zeit mag als

Schloß Sulzemoos war im Mittelalter eine Wasserburg

Rest einer Wall- und Grabenbefestigung die halbkreisförmige Geländestufe im westlichen Vorfeld stammen. Durch Heirat ging die Burg an die Familie Pervels und 1449 an Hanns den Hunt zu Dorf. Seither blieb der Besitz der Familie Hundt. Als die mittelalterliche Burg verfallen war, ließ Jörg oder Georg Hundt zu Lauterbach um 1550 einen Neubau errichten, der, im 30jährigen Krieg beschädigt, in der zweiten Hälfte des 17. Jahrhunderts durch Johann Franz Maximilian Servatius von Hundt die Gestalt erhielt, die Michael Wening um 1700 auf seinem Stich dargestellt hat. Dieser entspricht in den wesentlichen Teilen dem Gegenwartszustand. Bei einem hier dargestellten Bau am Nordrand des Hofes dürfte es sich um ein nicht ausgeführtes Projekt handeln. Zwei Flügel stoßen einen Treppenturm einschließend im Winkel aneinander, dem Nordflügel ist abermals abgewinkelt die Schloßkapelle angefügt.

Niederroth Lit. Nr.: 32

Ca. 425 m südöstlich der Kirche Niederroth liegt im Burgholz ein großer mittelalterlicher Ringwall.

Schloßberg / Frauenhofen Lit. Nr.: 32

Burgstall 1000 m südsüdwestlich der Kirche Straßlach.

Sulzemoos Lit. Nr.: 8, 12, 14a

Ministerialen der Grafen von Dachau nannten sich in der zweiten Hälfte des 12. Jahrhunderts nach dem bereits 844 erwähnten Ort. Der Ortsadel saß hier, wohl in einer kleinen Wasserburg, bis zum Beginn des 14. Jahrhunderts. Nachfolger waren die Eisolzried, dann der Münchener Bürger Ulrich Stumpf. Unter den später häufig wechselnden Besitzern ist vor allem der Geschichtsschreiber Wiguleus Hundt zu nennen, der das Schloß – zu dem die Burg wohl um diese Zeit verwandelt war – 1546 erwarb. Erhalten blieb ein typischer, jetzt schmuckloser Renaissancebau zu vier Flügeln, die einen kleinen Innenhof umschließen. Die vormals mit Zwiebelhauben gedeckten, polygonalen Eckerker schließen nun am Traufgesims.

Der Bergfried von Elkofen betont den Wehrbaucharakter.

Landkreis Ebersberg

Markt Schwaben Lit. Nr.: 6

Der Markt gehörte zum Gebiet der Grafen von Ebersberg und nach deren Aussterben 1045 zum Gebiet der Grafen von Wasserburg. Um 1280 war Markt Schwaben wittelsbachischer Kastenamtsitz, 1283 baute Herzog Ludwig der Strenge eine von tiefen und breiten, vormals von der Sempt gespeisten Gräben umschlossene Wasserburg. Das 1650 umgebaute Pflegschloß ist nur am Südflügel annähernd in alter Form erhalten. Der Turm und der Ostflügel sind neugotisch.

Unterelkofen Lit. Nr.: 12, 25, 27, 62

Die im 11. Jahrhundert für die Grafen von Ebersberg-Sempt erbaute Burg mit eigenem Adel wurde 1384 durch Herzog Stephan eingezogen und blieb bis 1506 in herzoglichem Besitz. Die häufig wechselnden späteren Besitzer waren 1516 die Lenkofer, die Herren von Muggenthal-Hexenagger, die Bart von Harmating und endlich die Grafen Rechberg-Rothenlöwen, die das Schloß bereits 1665—1741 besessen hatten.

Die Burg auf einem Hügel, nach dem Ende ihrer Wehrfunktion zu Anfang des 16. Jahrhunderts zum Schloß verwandelt, ist von einem teils natürlichen, teils künstlichen Graben umgeben. Bauteile des 12./13. Jahrhunderts sind durch allerlei Umbauten und Erweiterungen zum gegenwärtigen Bestand vereinigt. Auf ansteigendem Gelände betritt der Besucher zunächst die Vorburg durch einen gewölbten Torbogen. Wirtschaftsgebäude umstehen den Hofraum, unter diesen auch die mittelalterliche, dem hl. Georg geweihte Kapelle, ehemals Ziel einer Wallfahrt, wofür zahlreiche Votivbilder zeugen. Der vormals hier befindliche gotische Altar aus der Werkstatt des Meisters von Rabenden (1517—1520) steht heute im Bayerischen Nationalmuseum. An der Ostseite des Bauhofs steht der Rechbergbau von 1665 bis 1676. Über eine gedeckte Treppe gelangt man vom unteren zum oberen Schloßhof, der von den Hauptgebäuden umschlossen ist. Nördlich auf halber Höhe dieses Zugangs steht im vormaligen Hundezwinger der 1885 errichtete Ludwig-Heinrichs-Bau.

Die Masse der Hauptgebäude überragt der sechsgeschossige Bergfried mit einem Krüppelwalmdach und einem spätgotischen Erker an der Südseite. Die drei unteren Geschosse sind von rundbogigen Tonnen überwölbt, erhalten ist der auf zweimal abgestuften Konsolen stehende Wehrgang auf der Ringmauer an der Südseite des Hofes, mit einer ornamental gemauerten Brüstung zwischen Pfeilern mit Stichbögen. Unter den Burggebäuden, die im unregelmäßigen Viereck unter Einschluß des Bergfrieds den oberen Hof umrahmen, steht das

Aufmaßplan des Burggeländes von Ebersberg mit Grabungs- und Fundstellen. Bayer. Landesamt für Denkmalpflege. In: Wittelsbacher und Bayern I, 1, S. 130.

Durch die gewölbte Torhalle betritt man den unteren Hof der Burg Elkofen (linke Seite).

dreigeschossige Hauptgebäude mit Wohnräumen. Vormals schmückten vier Kuppeltürmchen die Ecken dieses Gebäudes. Die vielgliedrige Baugruppe präsentiert sich als spätgotischer Adelssitz, der noch die herbere Erscheinung einer Burg des hohen Mittelalters ahnen läßt.

Ebersberg Lit. Nr.: 36, 54

1045 kam als Erbschaft ein Großteil des Besitzes der seit karolingischer Zeit zu verfolgenden, bedeutenden Reichsaristokraten der Grafen von Ebersberg an die Grafen von Scheyern. Das Geschlecht erscheint zur Zeit Kaiser Karlmanns mit Sighard I., dem die Gründung der Burg Ebersberg zugeschrieben wird. Sein Enkel Eberhard verstärkte den Wehrbau 933. Wie alle Burgen dieser Frühzeit war auch Ebersberg zunächst eine Holz-Erd-Anlage, die allerdings von Anfang an als bedeutendes Herrschaftszentrum geplant und angelegt war. Die 1978—1980 durch das Bayerische Landesamt für Denkmalpflege durchgeführten Untersuchungen haben für das Areal eine an den Ecken abgerundete Dreiecksfläche von 200 m Länge und 130 m Breite an der Basis ergeben. Die Burg, von der Fundamente ergraben wurden, lag an der Südspitze. Das Grafengeschlecht starb in der Mitte des 11. Jahrhunderts aus.

Altenburg Lit. Nr.: 36

Burgstall an der Stelle der Kirche

Egmating Lit. Nr.: 12, 25

Ritter von Egmating sind im 11. Jahrhundert in Urkunden genannt. 1336 kam die Burg an Nikolaus Schrenk von Notzing, sie wurde später in ein Schloß verwandelt, das noch als architektonisch bedeutungsloser Bau erhalten ist.

Hirschbichl / Emmering Lit. Nr.: 12, 62

Wohl auf älterer Grundlage entstand um 1500 ein rechteckiger Schloßbau mit vier turmartigen Erkern, der im 30jährigen Krieg zerstört, hernach aber wieder aufgebaut wurde. Der Bau ist gegenwärtig ein Gasthaus.

Zinneberg Lit. Nr.: 12, 25

Die Burg Glana war der Sitz der Edlen von Glana. 1640 zerstörten die Schweden die alte Burg, die unter Verwendung mittelalterlicher Reste wenig später zum Schloß verwandelt wurde. Klassizistischer Bau des frühen 19. Jahrhunderts mit spätgotischem Giebel.

Falkenberg Lit. Nr.: 32

Burgstall ca. 125 m ostnordöstlich der Kirche Moosach.

Nettelkofen Lit. Nr.: 32

Burgstall ca. 525 m nordnordöstlich der Ortsmitte Pfadendorf.

Pfadendorf Lit. Nr.: 32

Burgstall ca. 625 m nordnordwestlich Ortsmitte Pfadendorf.

Pöring Lit. Nr.: 36, 62

Ein eigener Adel ist um 1180 genannt, Schloßbau 1661 an Stelle der Burg, dem Stammsitz der Pöringer.

St. Christoph Lit. Nr.: 32

Burgstall ca. 350 m nordwestlich St. Christoph.

Schalldorf Lit. Nr.: 32

Ein Burgstall ca. 225 m südsüdwestlich der Kapelle Schalldorf.

Sempt Lit. Nr.: 36

Die verschwundene Burg der Ebersberger lag am Mülleranger.

Burgkapelle als Rest der Burg Wildenholzen.

Wildenholzen Lit. Nr.: 8, 27, 62

Da wo einst die Burg der Pienzenauer stand, blieb als einziger Überrest die Kapelle, ein einfacher Rechteckbau von 1443. Grabsteine von Otto († 1371) und Katharina († 1374) von Pienzenau befinden sich in St. Sebastian zu Ebersberg. Am Fuße des Burgfelsens ist eine kleine Gedächtnisnische errichtet, eine Inschrifttafel besagt: „Auf dieser Höhe stand weiland die Burg derer von Pienzenau-Wildenholzen. Die letzten dieses Zweiges des edlen Geschlechtes derer von Pienzenau Georg gehört in das Jahr 1550, ist dessen Ehefrau Afra gewesene Grundinger gestorben im Jahre 1556 ..."

Auf steiler Felsenwand steht am Altmühltal Burg Arnsberg.

Landkreis Eichstätt

Hirschberg Lit. Nr.: 28, 29, 42, 46, 62

Die zum Schloß erweiterte Burg des 12. Jahrhunderts auf einer schmalen Bergzunge über dem Altmühltal präsentiert sich dem Ankommenden mit wehrhaften Buckelquadertürmen. In dieser Turmfront hinter dem Halsgraben stehen rechts der quadratische Torturm und links der Bergfried. Dem Torturm sind niedere, halbrunde Flankentürme angefügt, die Ringmauer

aus der Bauzeit umschloß mit einem später davorgelegten Zwinger den alten Burgbereich. Auf der Balkendecke mit dem Angstloch über dem 10 m tiefen Schacht im Bergfried steht die Aufzugsspindel zur Beförderung der Gefangenen. Auf diesem Niveau lag auch der Originaleingang. Die Durchfahrt im Torturm konnte durch zwei Fallgitter in Mauerschlitzen gesperrt werden. Schießscharten im ersten Geschoß dienten dem Ausblick und der Abwehr. Ein gemauerter, tiefer romanischer Brunnen ist im Schloßhof erhalten.
Diesen sichtbaren Zeugen der Ritterzeit dürfte eine ältere Anlage vorhergegangen sein, auf der ein im 10. Jahrhundert genannter Adel saß. Die Herren von Grögling-Dollnstein waren wohl die Bauherren der romanischen Burg, die 1305 an das Hochstift Eichstätt kam, nachdem das Geschlecht der Hirschberger ausgestorben war. Die Grafen von Hirschberg führten diesen Namen erst seit dem 13. Jahrhundert, der letzte des Geschlechts, Graf Gebhard, bezeichnete die Burg in seinem Testament als Lehen von Eichstätt. Bischöfliche Pfleger saßen nun auf der Burg, die den Bischöfen zunächst nur zum Teil gehörte. Sie erwarben dann weitere Abschnitte der Burg und Gelände in der Umgebung, bis sie endlich Alleinbesitzer waren. Bischof Friedrich von Oettingen erbaute einen prächtigen Wohnbau mit einem neuen Turm, worunter die gotische Aufstockung des romanischen Bergfrieds zu verstehen war. Er ließ auch zur vermehrten Sicherheit den Zwinger anlegen. Weitere Verstärkung erhielt die Burg unter Bischof Albert von Hohenrechberg. Eine nicht erhaltene Schildmauer sollte die Front schützen, die Ringmauer wurde gebessert. Weiterer Ausbau der Befestigung geschah unter Bischof Wilhelm von Reichenau (1464—1496). Ein Großbrand 1652 vernichtete einen Teil der Bebauung. Einen ersten Umbau führte der eich-

Der Torturm am Zugang zum Schloß Hirschberg ist durch sein Buckelquadermauerwerk als mittelalterlicher Wehrbau gekennzeichnet.

stättische Baumeister Gabriel de Gabrieli durch. Den endgültigen Ausbau zum Rokokoschloß schuf Moritz Pedetti 1760—1764 unter der Regierung von Fürstbischof Raymund Anton von Strasoldo. Wichtigster Raum im Schloß ist der Rittersaal mit einem Deckenfresko von J. Michael Franz 1764.

Morsbach Lit. Nr.: 29, 62

Das Pfarramt am Ort, ein mittelalterlicher, quadratischer Bau, der vormals von einem Wassergraben umgeben war und später vielfach verändert wurde, war zunächst ein Schloß. Wehranlagen sind nicht erhalten. Zunächst saß hier im 12. Jahrhundert ein eigenes Adelsgeschlecht, seit 1550 kam die Herrschaft an das Hochstift Eichstätt.

Wackerstein Lit. Nr.: 12, 28, 62

Eine Burg, von deren mittelalterlichem Bestand nur die Ringmauer und die Kapelle verblieben, stand am Platze des gegenwärtigen Schloßbaus auf hohem Felsen über der Donau. Der Umbau wurde wohl im 17. Jahrhundert vollzogen, der heutige Walmdachbau entstand um 1800. 1317 war hier ein Sitz der Familie Gumppenberg, den 1642 Graf von Lodron von der Familie Glaser erwarb. Es folgten die Freiherrn von Jordan und andere.

Kipfenberg Lit. Nr.: 6, 11, 29, 45, 62

Auf steiler Höhe über dem Altmühltal, zwischen dieser und dem Birtzbach liegt die Burgstelle, deren Wert als beherrschenden Aussichtsplatz bereits die Römer erkannten. Von hier konnten sie sowohl das Altmühltal als auch den Limes

Der in der gotischen Periode aufgestockte Bergfried in Hirschfeld war in romanischer Zeit nur in halber Höhe zugänglich.

Vom mittelalterlichen Baubestand stammen bei Schloß Wackerstein nur die Kapelle, Mauern und Türme auf dem Felsen an der Donau.

Um den mittelalterlichen Bergfried von Kipfenberg gruppierte Bodo Ebhardt um 1920 Wohngebäude an Stelle der Ruine neu.

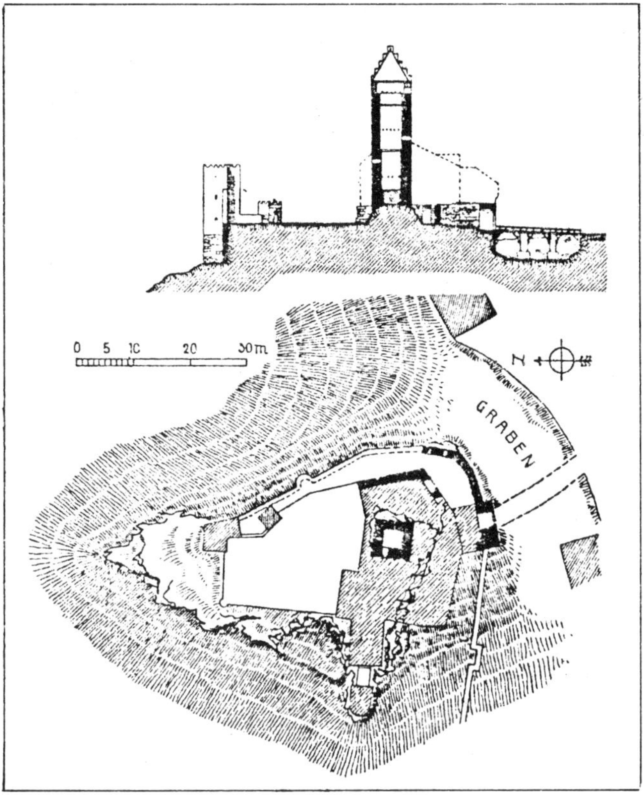

Plan und Schnitt der Ruine Kipfenberg. Aufmaß KD. BA Eichstätt.

übersehen, der hier das Altmühltal überquerte. Seit dieser Zeit ist der Platz wohl befestigt. Zu welcher Zeit, ob in der Frühzeit oder im Mittelalter er durch drei Wälle und Gräben abgeriegelt wurde, ist unbestimmt. Nach dem ältesten Baubestand kann die Gründung der Burg zu Ende des 12. oder Anfang des 13. Jahrhunderts angenommen werden. Aus mittelalterlicher Zeit ist lediglich bekannt, daß das Hochstift Eichstätt 1301 dem Ritter Konrad Kropf die Burg abkaufte. Vom Gründungsbau blieben der Bergfried, die Ringmauer und die Kapelle erhalten. Wohn- und Wirtschaftsgebäude entstanden in der 2. Hälfte des 17. Jahrhunderts und im 19. Jahrhundert durch den von Bodo Ebhardt, dem Gründer der Deutschen Burgenvereinigung, vollzogenen Wiederaufbau. Diese Maßnahme wurde notwendig, nachdem die Burg 1803 aufgelassen war, verfiel und zur Ruine wurde, deren Baubestand 1869 größtenteils abgebrochen wurde. Vom Zustand der Ruine gibt eine Skizze Karl Spitzwegs von 1883 eine Vorstellung. Man erkennt hier, daß noch einige Gebäude, die die Ringmauer zum Teil überragen, unter Dach sind, ganz unbeschädigt steht der Bergfried mit einem Satteldach zwischen Treppengiebeln, auch der hoch gelegene Eingang ist zu erkennen. Stark beschädigt erscheint bereits der Torbau hinter dem Burggraben. Nachdem der Altbestand weitgehend demoliert war, konnte Bodo Ebhardt den Wiederaufbau, der vor dem ersten Weltkrieg begann und 1925 vollendet wurde, nach eigenem Ermessen, gestützt auf seine reiche Erfahrung im Wehrbau des Mittelalters, frei gestalten. Erhalten blieben der Bergfried, nun total umbaut, und die Torlage in der Ringmauer.

Lenting Lit. Nr.: 12, 62

Am Platz einer ehemaligen Wasserburg steht ein schlichter Neubau des 18. Jahrhunderts. Wie auf einer Zeichnung zu Apians Landtafel zu ersehen, stand hier um 1550 ein Wohnturm mit Renaissancegiebeln, dem nach der Darstellung von Wening später ein um einen Stock höherer Turm mit Zeltdach und Zwiebellaterne angefügt wurde.

Willibaldsburg / Eichstätt Lit. Nr.: 14, 62

Auf der Grundlage einer älteren Burg ließ Bischof Berthold von Zollern, vormals Burggraf von Nürnberg, auf der steilen Höhe über der Stadt 1355 mit dem Bau eines befestigten Bischofssitzes beginnen. Die Bischöfe bedurften einer derartigen

Die mittelalterliche Willibaldsburg wurde zur Residenz verwandelt.

Sicherung, nachdem das Geschlecht der Grafen von Hirschberg, ihrer Schirmvögte, ausgestorben war und es ihnen nun oblag, selbst für ihren Schutz zu sorgen. Diese erste Burg, auf deren Grundmauern spätere Geschlechter weiterbauten, bestand aus einem Wohnbau mit Kapelle, einem Turm, Nebengebäuden wie Kemenate und Küche und einer Ringmauer hinter schützenden Gräben. Bischof Rabeno von Wildburgstetten vollendete das Werk seines Vorgängers. Bischof Friedrich von Oettingen (1383—1415), der auf der Burg Hirschberg einen prächtigen Wohnbau errichten ließ, tat nun desgleichen auf dem Willibaldsberg. Eine Erweiterung der Burg um einen Hof, die Anlage eines Zwingers und Verstärkung der Mauern waren sein Werk. Die Bedrohung durch die Hussiten gab den

Festungswerke der Willibaldsburg erstrecken sich über den Sporn.

Elias Holls noble Architektur ziert den Hof der Willibaldsburg.

Anlaß zu einem weiteren Ausbau unter Bischof Albrecht II. Graf von Rechberg (1429—1446), sein Beitrag zur vermehrten Sicherheit war der Bau einer mächtigen Schildmauer zwischen zwei Türmen, wie das zu dieser Zeit auch an Burgen im Rheinland vorkam. Außerdem legte man in dieser Periode auf niedrigerem Niveau den noch heute so benannten „Hasengraben“ als weiteres Annäherungshindernis an. Das Tor schützte der bereits unter Bischof von Rechbergs Vorgänger begonnene „Löwenturm“. Mit einer letzten gotischen Umbauperiode unter Bischof Wilhelm von Reichenau in der 2. Hälfte des 15. Jahrhunderts war der Bestand vollendet, wie ihn als romantisches Konglomerat aus Türmen, Mauern und Giebeln Philipp Apian 1559 in einer Skizze für seine Landtafel überliefert hat.

Der entscheidende Wandel in der Baukunst, im Kriegswesen und in der Adelswelt, der sich im 16. Jahrhundert vollzog, brachte auch für die Willibaldsburg ein neues Konzept im Geiste der Renaissance. Es begann mit Veränderungen unter Bischof Martin von Schaumberg (1560—1590) zunächst durch Erweiterungen und Verbesserungen, von denen die „Bereinigung“ im 19. Jahrhundert wenig übrigließ. Ein durchaus anderes Gesicht erhielt die mittelalterliche Burg erst, als unter Bischof Johann Konrad von Gemmingen der bedeutendste Baumeister seiner Zeit, Elias Holl aus Augsburg, einen Schloßbau entwarf, der dem Repräsentationsanspruch der Fürstbischöfe und Landesherrn entsprach. Sein Plan bestand in der Reduzierung der romantisch bewegten Baugruppe auf eine in klaren Linien und regelmäßig kombinierten Baumassen konzentrierte Form, die ihren Hauptakzent in der Zweiturmfront auf dem schroffen Felsen als Sockel erhielt.

Ohne hier auf die Baugeschichte weiter einzugehen, sei lediglich vermerkt, daß sich der Zustand des Schlosses nach einer kurzen Glanzzeit beständig verschlechterte. Belagerung und Beschießung im 30jährigen Krieg, die Verlegung der Bischofsresidenz in die Stadt, damit verbunden die beginnende Verödung, die Zweckentfremdung als Kaserne, Verkauf einzelner

Teile u.a. und endlich die sinnlosen Abbrüche beträchtlicher Bauteile im 19. Jahrhundert hinterließen einen Torso, der erst durch gründliche Instandsetzung in jüngster Zeit als immerhin imponierender Restbestand stabilisiert werden konnte.
Gegenwärtig betritt der Besucher den Burgraum durch das große Torhaus, das im Schutze von zwei Bastionen steht. Aus einer Nische grüßt die Steinfigur des hl. Willibald, des Bistumspatrons, den Ankommenden, den der Weg durch das 63 m lange Torgewölbe auf den Hof der Vorburg führt, an der Stadtseite von einem Rest des ehemaligen Zeughauses flankiert. Im verbliebenen Teil des ehemaligen Schaumberghauses ist eine kleine Burgschänke untergebracht. Endlich betritt man durch ein Renaissanceportal den Hof des Gemmingenbaus, der, allerdings um ein Obergeschoß verringert, noch eine Vorstellung vom Glanz des Fürstensitzes gibt. Von der besonderen Eleganz des Entwurfs zeugen die Arkadenreihen an der Nordseite ebenso wie die in den Achsen stehenden, in geohrten Gewänden mit Giebeln gerahmten, großen Fenster. Im Inneren bewundert der Besucher die paläontologische Sammlung des Juramuseums und die frühgeschichtliche Sammlung des Historischen Vereins Eichstätt. Der sich weit nach rückwärts auf dem Felssporn erstreckende, mit Bastionen gesicherte Teil der Veste ist durch eine mächtige Schildmauer abgeschlossen. Nach den wechselnden Besitzverhältnissen seit dem Anfang des 18. Jahrhunderts ist die Burg, einst prächtiger Fürstensitz und starke Landesveste, nun Eigentum des Bayerischen Staates.

Arnsberg Lit. Nr.: 29, 62

Auf stark zerklüftetem Dolomitfelsen am Westrand einer Bergzunge steht die Burg, durch einen sichelförmigen Halsgraben vom Gelände getrennt, östlich über dem Dorf. Erhalten blieb die große Vorburg mit Speicher, Ökonomiegebäude, dem nun als Hotel und Gaststätte verwendeten Wohnbau – durch das Wappen Bischof Moritz von Hutten und Jahreszahl

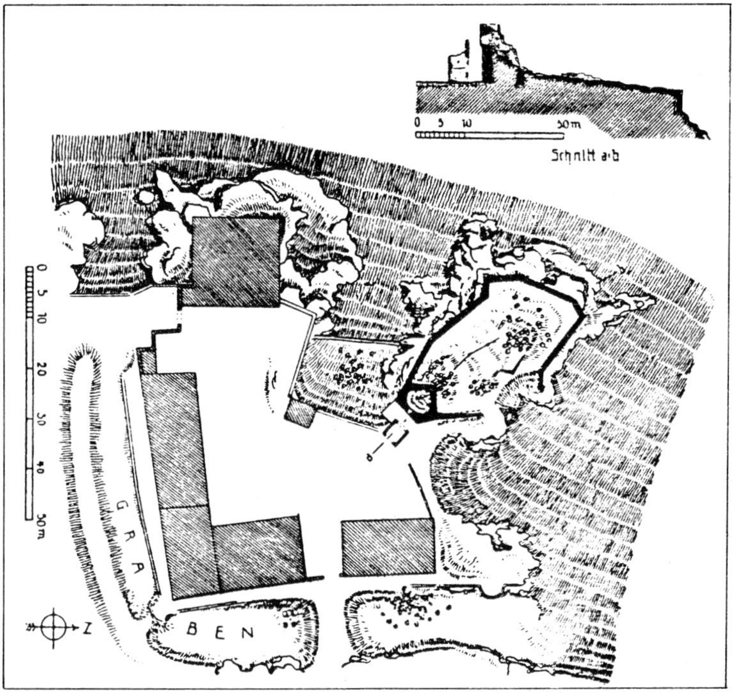

Plan und Schnitt der Ruine Arnsberg. Aufmaß im KD. BA Eichstätt.
Der fünfeckige Bergfried deckt die Kernburg hinter dem Abschnittsgraben. Ein breiter Halsgraben schützt die Vorburg.

1548 zeitlich bestimmt – die hier stehen. Darin mögen noch Reste von mittelalterlichen Burggebäuden und der Ringmauer enthalten sein. Letztere tritt mit einem Wehrgang noch im Anschluß an den Wohnbau in Erscheinung. Im Raum der Vorburg steht eine kleine Barockkapelle mit einer Glocke im Geschweiften Giebel. Auch von der ovalen Ringmauer der Kernburg stehen hinter einem in den Felsen gesprengten, tiefen Graben auf der äußersten Spitze des Geländesporns Reste um den unten fünfeckigen, oben über einem Konsolenkranz runden Bergfried. Ein Mauerschenkel reicht bis zum Dorf im Tal.

Die Ringmauer mit innen angebauten Häusern umschließt einen Teil des Ruinenhügels als Vorburg der Burg Dollnstein an der Altmühl.

Ein Adelsgeschlecht, das sich nach der Burg nannte, saß hier im 11. Jahrhundert, Gozwin von Arnsberg erscheint 1087 in einer Urkunde der Bamberger Synode. Arnsberg ist im 12. und 13. Jahrhundert mehrfach genannt, zuletzt 1253, als die Herren von Arnsberg den Namen Heideck annahmen. Im ältesten Eichstätter Lehnbuch zu Anfang des 14. Jahrhunderts ist Arnsberg als Lehen in Händen der Heidecker verzeichnet. Als Nachfolger der Heidecker erscheinen die Frauenhofer, die 1475 die Burg an das Hochstift Eichstätt verkauften. 1663 durch Fürstbischof Marquard noch einmal restauriert, begann 1763 der Abbruch, 1868 wurden die Reste abgetragen.

An der Feldseite der Burg Nassenfels steht das ehemalige Pfleghaus als Ruine. Erhalten sind am Bering der Bergfried und die drei Ganerbentürme.

Bruneck Lit. Nr.: 29, 62

Die Burg, die nun als Ruine auf einer Bergzunge im Anlautertal bei Abtsdorf steht, war – vielleicht auch wie Arnsberg – ein Sitz der Familie von Heideck. Auf trapezförmigem Grundriß sind Teile der Ringmauer erhalten, an die die Burggebäude angelehnt waren. Davon sind im Inneren noch Reste erkennbar, auch Teile eines Zwingers blieben erhalten. 1413 wurde der mittelalterliche Bestand erneuert, doch folgte wohl bereits 1525 die Zerstörung. Das Hochstift Eichstätt besaß die Burg seit 1413.

Dollnstein = Tolenstein Lit. Nr.: 29, 42, 62

Die Burg liegt am Fluß in der breiten Ebene, hier aber aufgesockelt auf einem Felsstock. Außer dem Felssockel ist von der einstmals stolzen Burg in dem verträumten Städtchen an der Altmühl nichts mehr zu bemerken. Möglich, daß bereits die Römer diese Warte im Tal benutzten, in geschichtlicher Zeit sind mit Sicherheit im 10. Jahrhundert Sualafeld-Grafen Besitzer des ehemaligen Königsguts. Mit einem Engelschalk 1007 und einem Adelhelm von Tollunstein erscheint der Name erstmals in Urkunden. Als Grafen von Grögling-Dollnstein, und später im 12. und 13. Jahrhundert Grafen von Hirschberg, spielt das Dynastengeschlecht in diesem Bereich eine wesentliche Rolle. Bis zu ihrem Aussterben 1305 herrschten über Dollnstein die Grafen von Hirschberg, ihr Erbe übernahmen die Grafen von Oettingen, die diese Besitzung 1360 an Friedrich von Heideck verkauften. 1429—1440 war Dollnstein dann Besitz der Herren von Rechberg, von denen Bischof Albrecht von Rechberg diesen für das Hochstift Eichstätt erwarb.

Der Wanderer im Altmühltal, der heute diese historische Stätte besucht, findet am Fuß des Felsens eine Vorburg, die man durch den gewölbten Gang des Torhauses betritt. Rings ist die Vorburg von einer hohen Ringmauer mit Pultdach und Schießschlitzen unter der Traufe umschlossen, ihre Entstehung in romanischer Zeit ist u. a. durch ein rundbogiges Doppelfenster belegt. Die Ecke der Mauer an der Altmühl markiert ein Rundturm im Mauerzug, modern ausgebaut. In der Vorburg stehen an die Ringmauer angelehnt zweistöckige Fachwerkhäuser mit Legschieferdächern. Auf dem Felsgipfel, den einst die Burg krönte, standen vor dem Abbruch nach 1803 zuletzt zwei dreigeschossige Wohnbauten als Amtssitz des Pflegers, vom Aussehen der mittelalterlichen Burg gibt es keine Vorstellung.

Konstein Lit. Nr.: 29, 42, 62

Die Burg, von der noch der Burgfelsen und einige Mauerreste zeugen, war als solche kein Objekt von großer Bedeutung, was jedoch nicht hinderte, daß ihr ein äußerst wechselhaftes Schicksal zuteil wurde. Gründer waren vermutlich die Grafen von Graisbach, in deren Gebiet die Burg lag. Einer ihrer Dienstmannen, vermutlich ein Ritter aus dem fränkischen Geschlecht von Muhr, versah die Burghut, als Heinrich von Chunstein ist er 1290 in einer Urkunde genannt. Durch Heirat der Tochter ging der Besitz an das Geschlecht der Willprante. Ulrich von Willprant, 1338 Stifter der Burgkapelle St. Gilgen, erhielt von Kaiser Ludwig dem Bayern die Bestätigung wichtiger Rechte und Privilegien. Seine Witwe heiratete Kuno von Laimingen, der sich in Abhängigkeit zu den bayerischen Herzögen begab. Bei besonders häufigem Besitzwechsel im 14. Jahrhundert ging die Herrschaft durch die Hände derer von Seckendorff, Schenk von Rosenberg, der Herzöge Stephan, Friedrich und Johann von Bayern und endlich der Familie der Hausner, die hier bis 1457 saßen.

Kriegerische Ereignisse, wie der Baierische Krieg, der Schmalkaldische Krieg und endlich der 30jährige Krieg, brachten nicht nur Not, Zerstörung und gelegentlichen Wiederaufbau, sondern dazu auch mehrfachen Religionswechsel für die Bevölkerung, je nach dem Glaubensbekenntnis des jeweiligen Herren. Die Burg aber überstand diese dauernden Beeinträchtigungen nicht, in der 2. Hälfte des 17. Jahrhunderts dienten die Gebäude nurmehr als Steinbruch. Was diese gründliche Ausschlachtung hinterließ, war wenig. Der teils zugeschüttete Burggraben, Teile der Ringmauer, das Tor der Vorburg mit Angelsteinen und Riegelschlitzen, ein paar Schießscharten und ein Keller im Felsen waren Reste der vormaligen Pracht. Von der Kernburg auf dem Felsen zeugen nur Mauerreste, ein paar Quadersteine und Schutthügel. Keine Darstellung aus älterer Zeit gibt eine Vorstellung vom ursprünglichen Bestand, für eine Rekonstruktion sind die Reste zu unbedeutend.

An der Angriffsseite der Ruine Mörnsheim stehen noch Reste der Ring- und Zwingermauer mit teils renovierten Türmchen.

Mörnsheim Lit. Nr.: 29

Auf einer guten Straße kann der Burgenfreund heute bis in den Burghof fahren, über dem der Felsen aufragt, der die Burg trug. Vom oberen Plateau genießt man einen köstlichen Ausblick auf den Ort am Fuße des Burgberges und in das enge Seitental der Altmühl. Von der Burg hingegen zeugen nur spärliche Mauerreste, hier in der Nordostecke, in der ein kleiner Raum, vermutlich die alte Burgkapelle, eingefügt ist. In diesem Bereich stand wohl der Bergfried, unterhalb sind zwei Kellergewölbe erhalten. Weit mehr mittelalterliche Substanz steht als Ruine oder in wiederaufgebauten Teilen verwendet in der Vorburg auf niedrigerem Niveau. Die Ruinenwand an der Südwestseite mit Balkenlöchern gehörte zu einem Wohnbau. Zwinger und Graben umziehen die Burg auf drei Seiten, wobei die Zwingermauer auf der Skarpe des Grabens steht. Ein wiederhergestellter Rundturm in der Zwingermauer betont

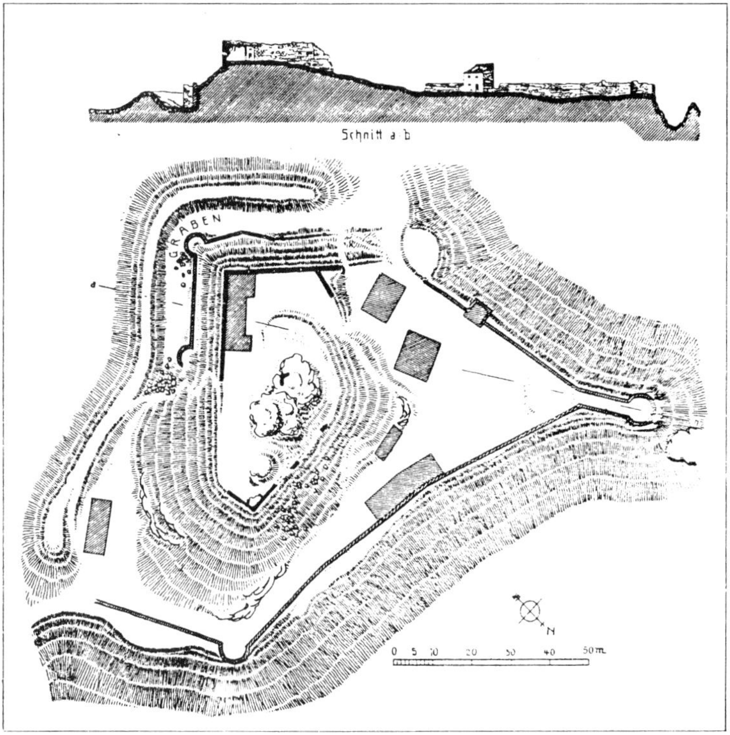

Grundplan und Schnitt der Ruine Mörnsheim zeigen Spuren der Kernburg und teilweise erneut verwendete Mauern der Vorburg. Aufmaß im K. D. BA Eichstätt.

die Südecke. In den Mauerzug, der an den Flanken des Geländesporns über dem Steilabfall den Burghof umgibt, sind noch ein Halbrundturm, eine kleine Bastion an der Nordwestspitze und ein quadratischer, innen offener Turm eingefügt.
Die Geschichte der Burg ist wie die vieler anderer Burgen im Hochstift Eichstätt von den Aktivitäten der jeweiligen Bischöfe geprägt. Ein erster Wehrbau entstand wohl schon im 10. Jahrhundert, unter dem 9. September 918 ist die Burg in einer Urkunde König Konrads I. erstmals genannt. Von Seyboto und Arrebo von Mörnsheim zeugt eine Urkunde vom

1. November 1138. Zur Zeit Bischof Heinrichs von Zipplingen dürfte im 1. Viertel des 13. Jahrhunderts ein starker Bergfried aus Quadern errichtet worden sein. Bischof Konrad II. von Pfeffenhausen ummauerte den Ort in Verbindung mit der Burg. Bischof Marquart von Hageln (1322—1324) löste die vepfändete Burg aus. Bischof Friedrich Graf zu Oettingen ließ die Ringmauer verbessern und den Zwinger anlegen. Weitere Modernisierungen der Verteidigungsanlagen erfolgten unter Bischof Albrecht II. Graf von Rechberg durch Bewehrung des Beringes mit eingefügten Türmen. Vom letzten Ausbau zur Verschönerung unter Bischof Johannes II. von Eich, der einen Palas an den Bergfried fügte, zeugen im Schutt aufgefundene Spolien, skulptierte Tuffsteingewände. Neue Tore ließ endlich Bischof Wilhelm von Reichenau bauen.
Die Schweden konnten 1634 der starken Veste nichts anhaben, was hingegen diese nicht bewirkten, brachte die Verödung und spätere Ausschlachtung der Burg, deren Aufgabe, Schutz des Bistums an der Westgrenze zu sein, endlich erschöpft war.

Nassenfels Lit. Nr.: 37, 42

Der Name der Römersiedlung am Ort, vicus scutarensium, ist überliefert, sie stand wohl in keiner Verbindung zum späteren Wehrbau. Auf der Wasserburg in der Ebene saß ein gleichnamiges Rittergeschlecht, das 1245 genannt ist, es waren Ministerialen der Bischöfe von Eichstätt. Eichstätter Besitz war die Burg von 1287 bis 1807. Der Bergfried ist ein Bau des 13. Jahrhunderts, die weiteren Türme, Ganerbentürme, wurden im 14. Jahrhundert errichtet. Das 1699 von Baumeister Jakob Engel erbaute Pfleghaus wurde nach der Säkularisation wieder abgebrochen, ebenso die Burgkapelle. Trotz dieser Minderung des Baubestandes und Zerstörungen, die noch der Zweite Weltkrieg brachte, ist die Burg noch immer eine stattliche Erscheinung. Mit ihren vier Türmen, die im Zuge der rechteckigen Ringmauer stehen, bietet sie ein imponierendes Bild.

Nur die unteren Geschosse des Bergfrieds verblieben von der Burg Pfalzpaint. Das Innere ist vom angebauten Haus zugänglich.

Die Wassergräben wurden bis auf kleine Reste eingefüllt. Die Ruine des Pfleghauses steht mit leeren Fensterhöhlen, es soll darin ein Bischofszimmer mit einer Stuckdecke gewesen sein. Gegenwärtig ist im Burghof ein Landwirtschaftsbetrieb.

Pfalzpaint Lit. Nr.: 27, 62

Von einem Edelsitz der Morsbacher im 15. Jahrhundert sind am Ort keine Reste zu finden.

Der Sitz der Pfalzpainter, der mit den dort ansässigen Rittern Konrad und Huprecht 1119 erstmals genannt ist, steht dagegen noch in Restteilen. Von den Ministerialen der Grafen von Hirschberg kam der Besitz 1452 durch Heirat an die Muggenthaler und danach an die Parsberger und Wurmrauscher, die ihn 1658 an das Hochstift Eichstätt verkauften. Vom Edelhof unmittelbar bei der Kirche ist im wesentlichen der Bergfried aus dem 13. Jahrhundert bei einem 1779 erbauten Wohngebäude mit Legschieferdach erhalten. Von diesem Gebäude aus ist das ursprüngliche Eingangsgeschoß des Turmes zugänglich, man erreicht es durch einen kurzen, gewölbten Gang in der Mauer, von dem seitlich eine Treppe in der Mauerstärke zu den allerdings nicht erhaltenen Obergeschossen führte. Der Raum im Turm war gewölbt, wie man an Resten von Rippen auf Konsolen erkennt.

Rieshofen Lit. Nr.: 27, 62

Einsam steht im freien Felde südwestlich des Dorfes ein starker Turm, der Rest der vormaligen Wasserburg. Ihr Schutz war ein von der Altmühl am linken Ufer um die rechteckige Burgstelle geführter Wassergraben, der nun verlandet ist. Hier saßen die Herren von Rudershofen, die mit Perchtold 1137 sowie Konrad und Ulrich 1166 als Zeugen in Urkunden erscheinen. Die Herren von Rieshofen waren Vasallen des Hochstifts Eichstätt. Elisabeth von Rieshofen verkaufte ihre Burg 1310 an das Eichstätter Domkapitel. Vom ursprünglichen Bestand verblieb nur der Bergfried, noch ca. 15 m hoch, aus groben Quadern in der Sockelzone, glatten Kalksteinquadern im Mittelteil und lagerhaften Bruchsteinen im obersten Geschoß erbaut, das mit einem Tonnengewölbe schließt. Der hoch gelegene Eingang steht an der Westseite über vier Balkenlöchern für den abgegangenen Söller zum Aufstieg.

In Rieshofen steht am Altmühlufer der Bergfried der gleichnamigen Burg aus dem 12. Jahrhundert. Ein vormals aus dem Fluß gespeister Ringgraben ist im Gelände noch deutlich abgezeichnet. Er umschloß ein recht bescheidenes Areal, Spuren von Gebäuden sind nicht sichtbar.

In der Ruine der Rumburg sind hohe Mauern um einen rechteckigen Innenraum erhalten. Weit schweift der Blick ins Schwarzach- und Altmühltal.

Rumburg Lit. Nr.: 27, 62

Auf einer Bergzunge hoch über dem Altmühltal steht die Ruine, man kann sie von der Autobahn in Richtung Nürnberg fahrend, linker Hand auf der Höhe erkennen. Vom Typ eine Hausrandburg, an deren trapezförmigem Bering rings Wohngebäude angelehnt waren. Ein Bergfried ist nicht zu erkennen, dagegen ist die gegen die Angriffsseite gestellte Ringmauer als starker Schild hinter dem Halsgraben ausgebaut. Am Zugang ist eine Art Barbakane vorgeschaltet. Dieser Anlage des 14./15. Jahrhunderts dürfte eine ältere, romanische vorhergegangen sein. Im 16. Jahrhundert brannte die Burg ab und wurde nicht mehr aufgebaut. Im 12. Jahrhundert ist die Familie Enkering als Besitzer genannt, von den Absberg kam die Burg 1546 an Moritz von Hutten.

Ein Stich von P. J. Laminitt, gezeichnet von Fr. Vogel, stellt Ruine Wellheim dar.

Wellheim Lit. Nr.: 11, 29, 41, 42, 62

Als Wächter im Wellheimer Tal, dem Urstromtal der Donau, steht auf schroffem Felsen die Ruine der Burg, auf der ein Edelgeschlecht gleichen Namens zu Beginn des 12. Jahrhunderts hauste. Seine Eigenständigkeit verlor das Geschlecht der Ritter von Wellheim, das bis zum 15. Jahrhundert als Zeugen in Urkunden genannt ist, gegen Ende des Jahrhunderts an die Grafen von Grögling, die sich später Grafen von Hirschberg nannten und mit Gebhard III. 1305 ausstarben. Obwohl dieser das Hochstift Eichstätt zum Erben seiner Güter bestimmt hatte, erhoben die bayerischen Herzöge und Graf Ludwig von Oettingen, Vater der Witwe des verstorbenen Grafen von Hirschberg, Gebietsansprüche. Es kam zwischen dem Grafen von Oettingen und dem Hochstift zur Fehde, die mit einer Belehnung des Grafen durch das Hochstift endete. 1130 jedoch entschied ein Gericht zugunsten des Oettingers, dem damit die Burgen Wellheim und Adlerstein auf Grund des Testamentes zugesprochen wurden. Durch Verkauf kamen um 1360 die

Die Ruine Wellheim steht mit dem wohlerhaltenen, besteigbaren Bergfried auf steilem Felsen über dem Ort. Mauerteile ehemaliger Wohngebäude geben eine Vorstellung vom ursprünglichen Bestand.

Burgen Wellheim und Dollnstein an Friedrich von Heydeck, dessen Familie bis zum ungünstigen Ausgang einer Auseinandersetzung mit dem Bischof von Eichstätt 1449 Eigentümer blieb. Besitzer waren nun zu gleichen Teilen der Bischof von Eichstätt, Otto Johann von Heydeck und der Markgraf von Ansbach, der es vermochte, den ganzen Besitz, nach dem Tode des inzwischen durch Erwerb der Anteile von Eichstätt und Heydeck zum Besitzanteil gekommenen Peter von Stepperg, an sich zu bringen. Weitere Besitzer waren Hippolyt von Seckendorff, 1450 Graf Konrad von Helfenstein, abermals als Erben die Oettinger, die Ansbacher und dann bis 1802 das Hochstift Eichstätt.

Bereits 1767 begann, nachdem die Burg von ihren Bewohnern verlassen war, der Niedergang. 1773 waren einem Bericht zufolge die Burggebäude schadhaft, aber 1857 standen noch Mauern in beträchtlicher Höhe. Teilweise wurden die Gebäude regelrecht abgebrochen, teilweise willkürlich ausgeschlachtet, so daß am Ende als letztes Bauwerk nur noch der Bergfried stand, umgeben von Mauertrümmern, deren Bestand mit einiger Mühe eine Vorstellung der Burg in ihrer Blütezeit geben. Es ist demnach offenbar, daß die Burg in Abschnitten angelegt war, die in Stufen übereinander um den auf dem Felsblock stehenden Bergfried angeordnet waren. Ein sichelförmiger Graben trennte den Komplex vom Vorgelände. Die innere Grabenwand begrenzte gewinkelt den Zwinger aus dem 15. Jahrhundert, zu dessen Zugang ein Turm neben dem vormals wohl über eine Zugbrücke zugänglichen Tor stand. Ein Rundturm an der Nordecke und ein weiterer Turm zum Schutz des Vorgeländes verstärkten die Abwehr. Zum unteren Burghof mit den Stallungen führte das Tor in der Ringmauer, die den mittleren und oberen Burghof bis zum Anschluß an den auf der Höhe nach Osten angeordneten Palas umschloß. Eine Galerie, wohl später angelegt, führte dann vom Palas zum Bergfried, dessen Buckelquadermauerwerk ihn als Bauwerk des 12. Jahrhunderts ausweist. Hoch am Turm, an der Südseite, ragen drei Konsolen aus dem Mauerwerk, die wohl vor-

Die mächtige Ruinenmauer am Hang schützte vormals die Burg Rundeck.

mals einen Gußerker zum Schutze des Zugangs trugen, nur wenige Lichtschlitze erhellen das Innere. Über einem 15 m tiefen Schacht lagen mehrere Geschosse mit Holzbalkendecken auf Kragsteinen. Den Ziegelaufbau der obersten Geschosse fügte das 16. Jahrhundert hinzu. Zusammen mit der freundlichen Marktsiedlung in der reizvollen Landschaft ist die Ruine Wellheim ein lohnendes Wanderziel.

Rundeck Lit. Nr.: 29, 42

Bei der heute so benannten Ruine wird es sich wahrscheinlich um die vormalige Burg Stossenberg handeln. Albrecht Stosser ist 1242 genannt. Herzog Stephan erlaubte 1338 Heinrich Schenk von Geyer, einem Schwager des Heinrich von Absberg, die Feste Stossenberg von diesem als Pfand für ein Dar-

lehen anzunehmen. 1399 saß hier Heinrich Schenk von Geyer zu Stossenberg als Pfandinhaber, 1409 erwarb er die Burg von Herzog Stephan.
Die Burgruine aus dem 13. Jahrhundert liegt auf steiler Bergzunge. Die Kernburg hinter doppeltem Halsgraben mit ovalem Grundriß, wird an der Talseite am Steilabfall von einer noch in beträchtlicher Höhe erhaltenen, mehrfach geknickten Mauer begrenzt, an die, wie an Balkenlöchern abzulesen, dreigeschossige Gebäude angelehnt waren. Die Wand ist von mehreren Scharten aber nur von einem Fenster im obersten Geschoß durchbrochen. Im Burgraum zahlreiche Gruben, am Grabenrand die verstürzte Ringmauer in einem Erdwall.

Wielandstein Lit. Nr.: 42

Unmittelbar hinter den Wielandshöfen, auf schwer zugänglichem Felsen zeugen noch spärliche Reste von der einstigen Burg. 1180 ist Ulrich Wieland in einer Kaisheimer Urkunde genannt. 1260 sind die Namen von Ywan Wüllant und seiner Gemahlin Leutgart überliefert. Auch in der Kaisheimer Chronik des Zisterziensermönchs Johan Knebel ist im 13. Jahrhundert von der Familie von Wieland berichtet, die zum Adel der Grafschaft Graisbach gehörte und noch im 16. Jahrhundert blühte. Wahrscheinlich ist die Burg seit 1350 verlassen. Teile des Wehrbaus wurden 1811 und 1833 abgetragen.

Adlerstein Lit. Nr.: 29, 42, 62

Die Ruine liegt 1 km südöstlich des Dorfes Aicha im Walde auf einer Felsformation. Man findet, wenn man mit Mühe den hohen Burgplatz erreicht hat am Rande eines kleinen, länglichen Plateaus nur Reste eines Mauerzuges aus Bruchstein. Gegen das Tal liegt eine etwas tiefere Terrasse, ob eine Felsenschlucht davor natürlichen Ursprungs ist oder ausgesprengt wurde, ist schwer zu entscheiden. Von der Bergseite her ist der Burgstall über eine Senke mit rückwärtig höherem Felsen ver-

Nur ein verstürzter Mauerzug bezeichnet den Ort der Burg Adlerstein.

bunden. Adlerstein war eine Burg der Grafen von Hirschberg, der letzte des Geschlechts vermachte sie mit Wellheim seiner Gemahlin Sophie von Oettingen.

Ettling Lit. Nr.: 12, 36, 62

Auf einer baumbestandenen Insel des Kelbaches stehen noch beachtliche Mauerteile einer ehemaligen Wasserburg.

Hagenhill Lit. Nr.: 29, 62

Geringe Reste einer Wasserburg zeugen in einem Bauernhof mit wenigen Mauerteilen vom Sitze eines im 12. und 13. Jahrhunderts genannten eigenen Adelsgeschlechts.

Die romanische Burgkapelle verblieb als Rest der Burg Obereichstätt.

Obereichstätt Lit. Nr.: 29, 62

Auf dem Burgstall einer ehemaligen Wasserburg, die als solche nur noch durch Reste des Ringgrabens zu erkennen ist, steht als letztes Burggebäude die Kapelle aus dem 12. Jahrhundert. Ein Geschlecht von Tegen ist 1305 genannt.

Beherrschend steht die Burg Burgrain über dem Tal.

Landkreis Erding

Erding Lit. Nr.: 6, 8, 36, 51

In das Licht der Geschichte tritt Erding am Ende des 9. Jahrhunderts, als König Arnulf dem Salzburger Bischof den Herzogs- dann Königshof Ardeoingas, Ursprung der Siedlung Altenerding, gab. Neben dieser Ursiedlung gründeten die Wittelsbacher in den 20er oder 30er Jahren des 13. Jahrhunderts die Stadt in der üblichen Form wittelsbachischer Gründungsstädte mit einem breiten Markt und einer Stadtburg, hier in der Südwestecke. Bauherr war wohl Herzog Otto II., der Stadtgründer. Ein erster Mauerring entstand um 1250, Schutz gab die Umschließung durch zwei Arme der Sempt. Dem großen Brand von 1648, der das Gesicht der Stadt völlig veränderte, dürfte auch der herzogliche Sitz zum Opfer gefallen sein.

Burgrain Lit. Nr.: 6, 25, 28, 36

Wälle und Gräben, vielleicht schon aus grauer Vorzeit, schützten die Angriffsseite der Burg der Freisinger Bischöfe, Bischof Atto (784—811) war der Gründer. Hier saßen im 12. Jahrhundert die Herren von Burgrain, Ministerialen der Bischöfe von Freising. Außer auf diesem Platz lebten die Burgrainer auch auf der Kropfsburg, sie erscheinen 1147 mit Isenreich, 1182 mit Otto und Heinrich und 1190 mit Otto Kropf von Burgrain. 1290 ist das Geschlecht ausgestorben, nach dieser Zeit hatten Freisinger Burggrafen die Burghut inne. Diese entstammten den Familien der Massenhauser und Frauenberger. Der Platz der Burg war gut gewählt auf einem Geländevorsprung am Isental. Der Halsgraben und weitere Gräben im Vorgelände sind aufgefüllt, man betritt den unregelmäßig rechteckigen Hof, der rings von Gebäuden umgeben ist, durch den Ostflügel, der ebenso wie der erst kürzlich erneuerte und teilweise in der alten Struktur renovierte Nordflügel und der unveränderte Ostflügel dreigeschossig ist. Das zweite Obergeschoß ist eine Zutat des Barock. Nach Süden wird der Hof durch die Kirche und den mit dieser außen in der gleichen Flucht stehenden Zehentstadel nach Osten begrenzt. Die ursprünglich quadratische, im Barock erweiterte Kirche steht über einem tiefen quadratischen Untergeschoß aus vier Jochen Kreuzgurtgewölben auf einem Mittelpfeiler. Die Pfeiler der offenen Vorhalle unter der Kirche, die mit dem Zehentstadel und der Kirchenwand in einer Flucht stehen, bildeten mit diesen die Frontmauer der Burg über dem Halsgraben. Aufrecht steht im südlichen Teil des Hofes der ursprünglich frei stehen-

Vier Joche Kreuzgurtgewölbe überspannen den Raum der Unterkirche von Burgrain, von einem Mittelpfeiler gestützt.

de, nun an zwei Seiten an Gebäude angelehnte Bergfried aus dem 12. Jahrhundert. Ein Bauwerk aus Nagelfluhquadern mit hoch gelegenem, rundbogigem Originalzugang, der leider nur bis zur halben Höhe erhalten ist, weil das Steinmaterial der oberen Geschosse zur Wölbung von Bierkellern der in der Burg installierten Brauerei benutzt wurde. Das nun vom Hof durch eine spätere Pforte zugängliche Untergeschoß ist mit einem Ziegelstichbogengewölbe wohl aus dem 19. Jahrhundert überdeckt. Der Westflügel, ein Brauereigebäude des 19. Jahrhunderts, soll abgebrochen werden, um die hier überbaute Ringmauer wieder zur Geltung zu bringen.

Von dem vormals frei stehenden Bergfried von Burgrain ist nur das Quadermauerwerk der Untergeschosse erhalten. Wie üblich liegt die rundbogige Pforte in halber Höhe.

Noch vom nassen Graben umgeben ist das Schloß Altfrauenberg.

Altfrauenberg Lit. Nr.: 25, 36, 54, 62

Die Stammburg der Frauenberger wurde im 13. Jahrhundert von Siegfried von Frauenberg († 1267) erbaut. Sein Sohn Otto erscheint als Zeuge bei Verpfändungen König Konradins von Hohenstaufen, den er auf seiner Italienfahrt begleitete. Kaiser Friedrich II. verlieh Siegfried von Frauenberg die Grafschaft Haag und 1245 den Grafentitel. Der letzte Frauenberger zu Haag starb 1566, 1471 hatte sich bereits der Herzog von Bayern der Grafschaft bemächtigt. Am Platz der alten Wasserburg errichtete man 1683 einen Schloßbau, aus mittelalterlicher Zeit sind noch Teile der Umfassungsmauer geblieben.

Grabungsplan der Burg Wartenberg. Nach: Wittelsbach u. Bayern I, S. 128.

Notzing Lit. Nr.: 8, 12, 36

Von der spätmittelalterlichen Wasserburg sind tiefe Gräben verblieben. An Stelle der Burg errichtete man 1519 einen Schloßbau, rechteckig mit Staffelgiebeln und einem über Eck stehenden Turm mit Spitzhelm am Zugang. Auf der Grabenseite steht die Ringmauer noch in beträchtlicher Höhe. Seit Erbauung ist das Schloß im Besitz der Familie Schrenck-Notzing.

Wartenberg Lit. Nr.: 8, 25, 36, 54, 62

1978/1979 fanden archäologische Untersuchungen des Geländes durch das Bayerische Landesamt für Denkmalpflege statt, bei denen die Erkenntnis gewonnen wurde, daß sich die Burg aus einer Gründungsanlage im 10./11. Jahrhundert nach und nach durch Erhöhung der Wälle, Aushebung tiefer Gräben und der Einbeziehung einer Vorburg zu der endlichen Größe entwickelt hatte. Graf Otto V. von Scheyern-Wittelsbach, baute in der ersten Hälfte des 12. Jahrhunderts den Gründungssitz aus, der zunächst aus einer kleinen Abschnittsbefestigung bestanden hatte. Das Grabungsergebnis war der Plan eines auf einem Geländesporn angelegten, rechteckigen Areals, nordwestlich des Ortes Wartenberg. 1180 urkundete Otto VI. auf der Burg, die vermutlich nach dem Königsmord Ottos VIII. zerstört wurde. Erhalten ist als einziger Steinbau nur die Nikolauskapelle aus dem 13. Jahrhundert mit östlicher Apsis und einem Westturm, ein Backsteinbau. Das spätromanische Tympanon mit der Darstellung von Drache und Löwe zu seiten eines Baumes ziert das Portal.

Buch am Buchrain Lit. Nr.: 36

Burgstall in Mitterbuch.

Finsing Lit. Nr.: 36

Burgstall im Schloßholz.

Grünbach Lit. Nr.: 32, 36

Östlich des Schlosses liegt in unmittelbarer Nähe ein Turmhügel.

Kropfsburg Lit. Nr.: 32, 36

Eine Burg der Herren von Burgrain, Vasallen der Bischöfe von Freising. Erhalten ist nur der Burgstall ca. 1500 m westlich der Kirche Witzling.

Kreut Lit. Nr.: 36

Eine verschwundene Burg stand am Kohlholz.

Lengdorf Lit. Nr.: 32, 36

Ein Turmhügel ca. 250 m südwestlich Badberg.

Salmannskirchen Lit. Nr.: 36

Ehemals Burg der Pfaffinger, die 1519 ausstarben. Das Schloß ist im 19. Jahrhundert abgegangen.

Von ihrer Burg auf dem Freisinger Domberg beherrschten die Bischöfe ihr Territorium.

Landkreis Freising

Freising Lit. Nr.: 6, 8, 27

744 ist die Burg auf dem Domberg, die wohl bereits seit 700 Residenz baiwarischer Teilherzöge war, genannt. Aus ihr erwuchs die Königspfalz in den Händen der fränkischen Amtsherzoge, der Agilolfinger. Nach der Gründung des Bistums durch Bonifatius blieb die Burg Residenz der mächtigen Bischöfe von Freising zunächst als starker Wehrbau und Zen-

trale nicht nur des Bistums sondern eines ausgedehnten Herrschaftsbereiches, den hinwiederum zahlreiche Burgen gegen die Ansprüche weltlicher Staatsmächte schützten. Im Zuge der Veränderungen auf dem Domberg im Verlaufe der Jahrhunderte, erhielt auch die Residenz ein anderes Gesicht. Bemerkenswert ist architektonisch die Gestaltung des Arkadenhofes in frühen Formen der Renaissance.

Hohenkammer Lit. Nr.: 6, 8, 12, 25, 36

Als Ministerialen des Pfalzgrafen Otto von Wittelsbach erscheinen in Urkunden die Herren von Hohenkammer 1140,

Das Barockschloß Hohenkammer von 1634 steht an der Stelle der wittelsbachischen Wasserburg aus dem 12. Jahrhundert. Vier Flügel umschließen den Arkadenhof.

1150 und um 1200. Erst 1290 ist ihre Burg erstmals genannt. Christoph von Hohenkammer verkaufte sie 1550 an Georg von Haßlang. Ein Nachkomme, Friedrich Christoph von Haslang, erbaute dann am Platze der Wasserburg 1634 das Schloß mit dem schönen Innenhof, nach dem Brauch der Zeit mit dreigeschossigen Arkadengängen, von denen der oberste als Holzkonstruktion gestaltet ist. Die Brücke über den umlaufenden Wassergraben führt zur Torhalle im quadratischen, aus der Flucht vortretenden Torturm mit gegliedertem Barockhelm. An den Ecken des Gebäudes stehen quergestellte Bodenerker mit Ziergiebeln.

Umgeben von einem Wassergraben steht auf flachem Hügel Schloß Kammerberg.

Kammerberg Lit. Nr.: 8, 25, 62

Eine Seitenlinie der Herren von Hohenkammer saß als wittelsbachisches Ministerialengeschlecht im 13. Jahrhundert auf der Burg. Spätere Besitzer waren die Freiherrn von Freyberg, von Preysing und von Bünau. Das Schloß am Platze der Burg, 1609 erbaut, wurde 1790 in klassizistischen Formen verändert, es steht auf einem flachen, von einem Wassergraben umgebenen Hügel.

Ottenburg Lit. Nr.: 8, 12, 36

Als Grafen von Grögling, Dollnstein und Ottenberg erscheint ein Adelsgeschlecht, das um 1100 auf Grögling, um 1187 auf Dollnstein saß und den Beinamen von Ottenberg führte, dem Namen einer Grafschaft nächst Freising, deren Zentralpunkt ihre Stammburg war. Die Burg blieb nach dem Aussterben des

Geschlechts Lehen des Freisinger Hochstifts. Unter Bischof Otto I. wurde der Wehrbau neu befestigt. An Stelle der Burg steht nun ein ehemalig fürstbischöfliches Lustschloß in Gestalt eines zweigeschossigen Rechteckbaus mit Walmdach. Auf die Bauzeit in der zweiten Hälfte des 18. Jahrhunderts deuten lediglich geschnitzte Eckpfosten eines Erkers am Erdgeschoß. Der Burgstall liegt auf einem Geländesporn mit Steilabfall gegen Osten, der am Zugang durch Wall und Graben geschützt war. Neben dem Schloßgebäude auf dem Burggelände ein geräumiger Wirtschaftshof.

Aiterbach Lit. Nr.: 32, 36

Ein Turmhügel steht ca. 400 m südöstlich der Kirche des Ortes, an der Straße Pfaffenhofen–Moosburg. Hier saßen im 15. Jahrhundert die Massenhauser.

Geierlambach Lit. Nr.: 36

Ein Burgstall liegt nördlich vom Ort.

Grünberg Lit. Nr.: 32

Burgstall am östlichen Ortsrand von Grünberg.

Günzenhausen Lit. Nr.: 32

Ein Turmhügel ca. 600 m südwestlich der Ortskirche.

Hirschbach Lit. Nr.: 32

Turmhügel unmittelbar nördlich der Kirche des Ortes.

Kranzberg Lit. Nr.: 6, 32, 36

Nach der Burg „Crainsperg" nannte sich nach 1200 ein wittelsbachischer Dienstmann von Cramer. Ein Landrichter der Wittelsbacher hatte 1230 seinen Sitz auf der Burg, die 1632 zerstört und nicht mehr aufgebaut wurde. Der Burgstall, ein ca. 25 bis 30 m hoher natürlicher Kegel, liegt nordwestlich der Pfarrkirche jenseits eines tiefen Grabens (Straße). Kreisförmiges Plateau von ca. 60 m Durchmesser, bebaut mit ehem. Jugendheim, keine Mauerreste. Lage an der Amper.

Massenhausen Lit. Nr.: 6, 25, 32

Die Herren von Massenhausen waren zeitweise Ministerialen der Grafen von Wittelsbach und des Bischofs von Freising. Das Geschlecht, das 1409 erlosch, erschien bereits 1130 mit Wolfhold und 1140 mit Engelmann in Urkunden. Die Burg kam 1431 an Hans Frauenberger zu Haag. Es folgten im Besitz die Herzöge von Niederbayern und 1499 das Domstift Freising. Nach Schäden im 30jährigen Krieg wiederhergestellt, erfolgte 1804 der Abbruch. Ein Burgstall westlich der Kirche von Massenhausen ist alles, was verblieb.

Niersdorf Lit. Nr.: 32

Vielleicht handelt es sich bei dem Burgstall etwa 2 km östlich von der Kapelle des Dorfes um die Stammburg der Herren von Kammer, gelegen an der Glonn zwischen Reichertshausen und Kranzberg.

Schloßberg / Tegernbach Lit. Nr.: 32

Ein Turmhügel ist ca. 350 m ostsüdöstlich der Kirche Tegernbach erhalten, desgl. ein Burgstall ca. 200 m südlich vom gleichen Punkt.

Weniger an den ursprünglichen Wehrbaucharakter der Burg Ottenburg im 12. Jahrhundert, als an die Schmuckfreude des an ihrer Stelle von den Freisinger Bischöfen errichteten Lustschlößchens, erinnert das dekorative Schnitzwerk am Kleinen Konsolerker.

Seysdorf Lit. Nr.: 32

Ein Burgstall ca. 100 m östlich der Kapelle Seysdorf.

Thurnsberg Lit. Nr.: 25, 32

Ein Burgstall im Bereich der Kapelle Thurnsberg.

Wippenhausen Lit. Nr.: 36

Abgegangene Burg an der Burghauserleite.

Die Burgkapelle auf dem Burgstall Roggenstein ist der Rest der Burg.

Landkreis Fürstenfeldbruck

Adelshofen Lit. Nr.: 18, 32

Der Burgstall liegt ca. 125 m westsüdwestlich der Kirche Adelshofen. Ein Adelsgeschlecht ist seit 1372 in Urkunden genannt. 1580 Besitz der Fugger-Kirchberg.

Alling Lit. Nr.: 18, 32

Ein Burgstall liegt ca. 225 m westsüdwestlich der Kirche Alling. Die Burg wurde 1421 zerstört.

Althegnenberg Lit. Nr.: 18, 25, 32

Von der Burg der Hegnenberger, die mit den Haltenbergern versippt waren, zeugt ein Turmhügel ca. 750 m ostsüdöstlich der Kirche Althegnenberg. Mit Engelschalk und Heinrich Heginperch 1180 sowie Hermann und Konrad von Heginperch sind Angehörige des Geschlechts in Urkunden genannt.

Biberänger Lit. Nr.: 32

Der Burgstall liegt ca. 500 m südwestlich der Kirche Aufkirchen, wohl Sitz der Herren von Penzing zu Aufkirchen.

Dünzelbach Lit. Nr.: 18, 32

Ein Burgstall unmittelbar südlich der Kirche Dünzelbach. 1367 Verkauf der Burg an die Ritter von Seefeld.

Esting Lit. Nr.: 18

Das Schloß von 1666 steht am Platz der Burg der Edlen von Esting im 13. Jahrhundert.

Gegenpoint Lit. Nr.: 6, 25, 32

Bei Bruck auf einem bewaldeten Hügelvorsprung, dem sogen. Nicklasholz, an der Landstraße nach Hoflach liegt der Burgstall südwestlich der Kirche Emmering an der Nicklasleite. Die Ritter von Gegenpoint gehörten zu den ältesten Ministerialen der Grafen von Dachau, sie saßen auf der gleichnamigen Burg und erscheinen mit mehreren Mitgliedern im 12. Jahrhundert in Urkunden. Durch Heirat kam die Burg zu Beginn des 14. Jahrhunderts an Wichnan von Eisenhofen. Die Mönche von Fürstenfeld, denen die Burg ein Dorn im Auge war, ließen sie in der Mitte des 15. Jahrhunderts abbrechen.

Hattenhofen Lit. Nr.: 18

Auf dem Kirckhügel stand um 1080 die Burg der Edlen von Hattenhofen.

Mammendorf Lit. Nr.: 18, 36

Die westlich des Ortes gelegene Burg, Sitz des Ortsadels.

Mittelstetten Lit. Nr.: 36

Ein Burgstall im Burgholz.

Nannhofen Lit. Nr.: 18, 36

Seit dem 12. Jahrhundert Sitz der Herren von Nannhofen, 1421 zerstört, dann der Elsenheim und Frhrn. von Ruffin. Nach dem 30jährigen Krieg entstand an der gleichen Stelle ein Schloßbau. 1840 Veränderungen, Turm 19. Jahrhundert.

Puchheim Lit. Nr.: 32

Ein Burgstall liegt unmittelbar südwestlich der Kirche.

Roggenstein Lit. Nr.: 25, 32, 36, 62

Der Burgstall unmittelbar südlich des Ortes ist ein Überrest der ehemals großen Burg „Ruchenstein", die 1317 Eigentum der Chuchenmeister war und 1347 an die Ritter von Eisenhofen kam. Bereits 1371 war hier der Prälat von Fürstenfeld Herr, er verwandelte den Platz in eine Schwaige, seither ist nur noch von dem Burgstall die Rede, die Burg als solche hatte aufgehört zu bestehen. 1817 kam der Hof an den Staat, der ihn als Militärfohlenhof nutzte, der später zum Versuchsgut abgewandelt wurde. Von unterirdischen Gängen wird hier berichtet, die angeblich eine Verbindung zwischen den Burgen Roggenstein und Gegenpoint bildeten. In der Tat legte man 1843/1844 solche unterirdischen Gänge frei. Erhalten blieb die Burgkapelle vom Anfang des 14. Jahrhunderts mit Fresken. Im Glockengiebel hängt eine kleine Glocke. Der Burgstall auf einem Geländesporn erstreckt sich von West nach Ost, er liegt am Südrand des Gutshofes. Durch zwei Gräben von je ca. 10 m Breite, einen Halsgraben und einen Abschnittsgraben ist das Gelände in zwei fast gleichgroße, etwa recht-

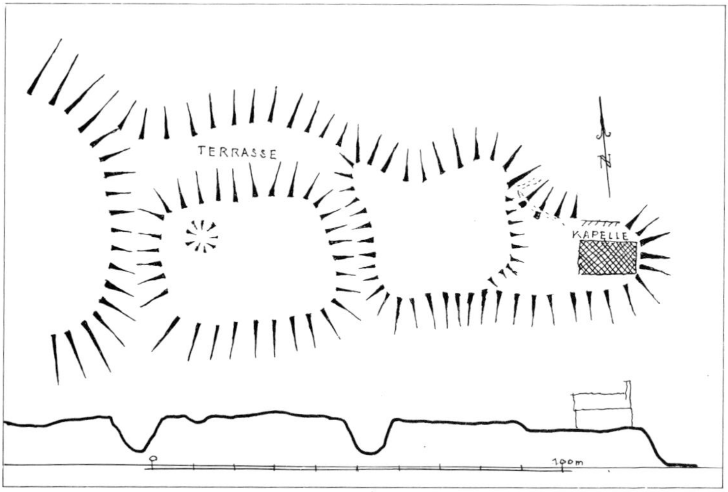

Lageskizze und Geländeschnitt des Burgstalls Roggenstein.

eckige Areale von ca. 40×30 m unterteilt, auf einer nach Osten ausladenden Zunge steht auf etwas tieferem Niveau die Kapelle an der Spitze. Auf dem ca. 10 bis 12 m über dem Hof liegenden Plateau sind keine Mauerreste, hofseitig liegt vor der westlichen Fläche, der mutmaßlichen Vorburg, eine tiefere Terrasse, die Kernburg mag im mittleren Abschnitt in Nachbarschaft der Kapelle gestanden haben. Vermutlich war der Zugang von Westen, nach Süden ist das Gelände durch den Steilabfall gesichert.

Rottbach Lit. Nr.: 18, 32

Der Burgstall liegt unmittelbar westlich der Kirche Zötzelhofen.

Schöngeising, Sunderburg Lit. Nr.: 25, 32, 62

Der Name Schloßberg für den Burgstall ca. 180 m südwestlich der Kirche Schöngeising ist wohl eine Erinnerung an eine verschwundene Burg.

Der Burgstall hier, der noch an dreifachen Wällen und Gräben, Mauerresten und Spuren eines Brunnens zu erkennen ist, war der Ort einer um 1100 wohl von den Diessener Grafen erbauten Burg. Möglicherweise war sie, wie überliefert ist, die Burg des Grafen Rasso, der 954 starb, doch kann auch erst sein Sohn Graf Friedrich I. der Gründer gewesen sein, er starb 1010.

Türkenfeld Lit. Nr.: 36, 62

Ein eigener Adel ist 1192 genannt. 1371 verkauften die Klammensteiner die Burg an Johann Burgau auf Halpach, es folgten die Staudinger, die Grafen Fugger-Weißenhorn, die Grafen von Lösch. Am Platze der Burg wurde im 18. Jahrhundert ein Schloß im Rokokostil erbaut.

Wildenroth Lit. Nr.: 25, 32, 62

Konrad von Wildenrot, der hier seinen Sitz hatte, war 1293 Marschall Herzog Ludwigs des Strengen, 1263 findet man ihn als Zeugen im Testament König Konradins, er starb 1303. Der Burgstall, der von der Burg des 13. Jahrhunderts verblieb, liegt ca. 650 m nordöstlich der Kirche Unteralting auf dem Kapellenberg. 1310 erwarben die Herzöge von Bayern die Burg von den Wildenroth, im Krieg gegen Österreich wurde sie belagert und 1315 zerstört. Kaiser Ludwig der Bayer schenkte die Burg 1322 dem Kloster Fürstenfeld, das sie ebenso wie Gegenpoint und Roggenstein abbrechen ließ.

Landkreis Garmisch-Partenkirchen

Murnau Lit. Nr.: 8, 12

Um 1180 saß hier in seiner Burg ein Ministeriale des Klosters Benediktbeuren. Zu Ende des 12. Jahrhunderts kam die Burg an die Hohenstaufen, die sie 1250 an die bayerischen Herzöge verpfändeten. Zur Ausstattung seiner Klostergründung Ettal schenkte Kaiser Ludwig der Bayer die Burg und den Ort dem Kloster, das diesen Besitz bis 1803 innehatte. Klosterrichter und Marktpfleger bewohnten die später zum Schloß verwandelte Burg, im Kern ein Bau des 14. Jahrhunderts mit Anbauten im 15. und 16. Jahrhundert, heute Schule.

Eschenlohe / Vestbühl Lit. Nr.: 6, 25, 36, 67

Die Burg der Grafen von Eschenlohe auf dem Vestbühl südlich des Ortes ist gänzlich abgetragen. Südlich der Nikolauskapelle liegt ein von einem sichelförmigen Graben umgebener Platz mit Mauerresten am Grabenrand und Unebenheiten auf der Fläche. Im Graben stehen noch zwei Mauerpfeiler. Werinher von Eccinlohe war Ministeriale der Grafen von Andechs, seine Brüder Hildebrand, Eberhard und Ulrich erscheinen in Diessener Urkunden 1160 und 1180. Sie waren Söhne des edlen Udalschalk von Iffeldorf, der sich nach der um die Mitte des 12. Jahrhunderts erbauten Burg Eschenlohe nannte. Graf Berchtold III. von Eschenlohe war 1260 Gefangener des Bischofs Konrad II. von Freising. Er hatte Konradin von Hohenstaufen auf seinem Italienzug 1246 bis Verona begleitet. Der letzte der Eschenloher in Bayern, Graf Heinrich, starb 1294 als Mönch im Kloster Stams. Bischof Ulrich II. von Augsburg, Herr von Schönegg, verkaufte die Burg 1332 an Kaiser Ludwig den Bayern, der sie als Ausstattung für Kloster Ettal bestimmte, zu dem Eschenlohe bis zur Säkularisation gehörte.

Von der Ruine Werdenfels stehen noch hohe Bruchsteinmauern.

Werdenfels Lit. Nr.: 7, 8, 9, 11, 12, 25, 36, 37, 62, 67

Die Burg Werdenfels, nun Ruine, bei Farchant im Loisachtal nahe Garmisch, wurde um 1180 erbaut. Graf Otto VII. von Andechs, Herzog von Meranien, ist als Erbauer genannt. Graf

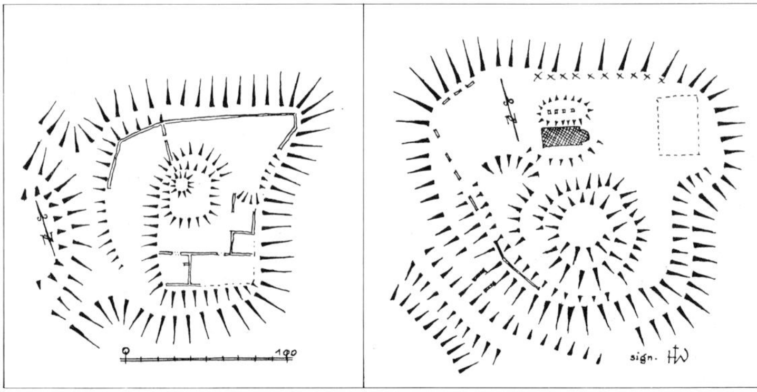

Ruine Werdenfels, Lageskizze des Bestandes – Eschenlohe, Plan des Burgstalls mit Kapelle (rechts).

Berthold I. von Eschenlohe erhielt die Burg als Lehen, später zu eigen. Herzog Otto VII. verkaufte Teile seines Besitzes im Loisachtal 1190 an Schweiker von Mindelberg, der seinerseits diesen Besitz 1249 an das Hochstift Freising veräußerte, welches Werdenfels mit seinen Liegenschaften, Burg Falkenstein bei Garmisch und der Grafschaft Partenkirchen und Mittenwald 1294 zur Herrschaft Werdenfels vereinigte. Die Burg Werdenfels wurde der Sitz Freisinger Pfleger, sie wurde zweimal, zuletzt 1408 erweitert. Seit dem Ende des 17. Jahrhunderts kam die Burg in Verfall, sie wurde seit 1730 als Steinbruch für den Neubau der Kirche in Garmisch benutzt, insbesondere fanden die Quader des Bergfrieds hier Verwendung.
Um die Ruine rankt sich die Sage von den vier Geisterbeschwörern, die den verborgenen Schatz der Burg heben wollten, jedoch beim Erscheinen der wilden Jäger ihr Vorhaben aufgaben.
Die Ruine steht auf einer Felsnase am Westrand des Loisachtales, durch einen Halsgraben von der Hochfläche getrennt. Auf dem trapezförmigen Burggelände stehen noch beträcht-

liche Mauerreste der Ringmauer auf der Vor- und Kernburg. Ein Schutthügel bezeichnet den Standort des Bergfrieds. In der fast quadratischen Kernburg lag der Palas an der Südseite, der Bergfried stand wohl frei in der Nähe des Tores. Das Mauerwerk besteht aus behauenen Bruchsteinen in lagerhaften Schichten, es ist besonders gut an der Hoffront des Palas zu sehen, an der auch durch Balkenlöcher die Anlage von drei Geschossen abzulesen ist. Über den Fensteröffnungen Stichbögen aus schmalen Natursteinplatten.
Die stattliche Ruine ist auf der 80 m hohen Felswand vom Tal gut erkennbar. Als Hohe Warte und Symbol der Herrschaft war die Burg zu allen Zeiten ein charakteristisches Werk mittelalterlicher Wehrbaukunst und Baugesinnung.

Burgbühel Lit. Nr.: 36

Burgstall bei Unterammergau.

Falkenstein Lit. Nr.: 25, 36

Der Burgstall liegt am Weg zum Kramer nördlich von Garmisch. Nach der Sage war hier ein Raubnest, urkundlich überliefert ist der Verkauf der Burg durch Ritter Swigger (Schweiker) von Mindelberg an das Domkapitel Freising.

Hammersbach / Garmisch Lit. Nr.: 36

Burgstall auf dem Turmanger.

Katzenberg Lit. Nr.: 36

Burgstall am Risserkopf.

Kleinweil Lit. Nr.: 32

Der Burgstall liegt ca. 125 m nordwestlich Mühlbach.

Lichteneck Lit. Nr.: 32

Der Burgstall mit dem Namen „Schloßberg“ liegt zwischen dem Riegsee und Murnau im Walde.

Schaumburg / Schauenburg Lit. Nr.: 25, 36, 45, 62, 67

Auf einer Felsplatte südöstlich Ohlstadt findet man keine Reste. Im 11. Jahrhundert war Graf Otto von Diessen Herr im Loisachtal, auf der Schaumburg saßen seine Ministerialen. 1096 war die Burg in einer Urkunde des Klosters Tegernsee erstmals genannt, doch um 1100 war sie bereits im Besitz des Bistums Freising. Die ansässigen Ritter von Schauenburg starben 1190 aus. Da spätere Bewohner in der Not der Zeit ihren Unterhalt durch Raub bestritten, zog 1414 Münchener Bürgermilitär vor die Burg, die nach elfwöchiger Belagerung erstürmt und zerstört wurde.

Das von Ludwig dem Gebarteten begonnene Burgschloß in Ingolstadt.

Stadtkreis Ingolstadt

Ingolstadt, Altes und Neues Schloß Lit. Nr.: 6, 8, 11, 12, 24, 27, 31, 37, 38, 57, 62

Der sogen. Herzogskasten, ein Burgschloß Ludwigs des Strengen um 1300, das wohl erst im 15. Jahrhundert seine überkommene Form mit den hohen von Lisenen gegliederten Stufengiebeln mit Ecktürmchen erhielt, diente den bayerischen Her-

zögen als Quartier bei ihren gelegentlichen Aufenthalten in Ingolstadt. Kaiser Ludwig der Bayer pflegte hier Hof zu halten und nach ihm vor allem der Begründer des eigentlichen Herzogtums Bayern-Ingolstadt, Herzog Stephan, der wegen seiner Prachtliebe den Beinamen „der Kneißel“ erhielt. Mochte es Herzog Stephan noch genügt haben, so genügte es aber seinem Sohn Ludwig im Barte, Bruder der schönen Isabeau de Bavière, Königin von Frankreich, keineswegs mehr. Mit seinem Neubau, zu dem er bautechnische und künstlerische Anregungen am französischen Hof empfangen hatte, rückte er vor die Stadt hinaus, unmittelbar an das Donauufer. Der Herzogskasten allerdings blieb zunächst Fürstenherberge, so wohnte hier Markgraf Friedrich von Brandenburg 1504 während des Landshuter Erbfolgekrieges. Eine Vorstellung vom seinerzeitigen Bestand gibt uns das Sandnersche Stadtmodell. Das Schloß lag an der Donauseite der inneren, alten Stadtmauer als Bollwerk der Stadt einerseits, doch andererseits auch in sicherer Randlage, geschützt vor dem möglichen Volkszorn der Bürger. Es bestand aus einem unterkellerten, viergeschossigen Hauptgebäude, dem Palas, in einem rechteckigen Areal, auf dem weitere niedrigere Gebäude als Kasten, Werkstätten und Stallungen standen. Im Palas ist die Kapelle mit einem Erker anzunehmen, deren Jahrtag Samstag nach Maria Magdalena bis zu ihrer Verlegung in die Schutterkirche gefeiert wurde. Die Verlegung wurde 1565 notwendig, als man das Schloß zum Getreidekasten umbaute. Ein noch erhaltener Treppenturm entstand zur gleichen Zeit nach Aufhebung der ursprünglichen inneren Treppen.
Die Stadterweiterung, bei der die Randlage der kleinen Residenz verlorenging, bedingte den Bau eines nun wieder an den Rand der Stadtbefestigung gerückten Neubaus, den Herzog Ludwig der Gebartete 1418 begann, den als Nachfolger die reichen Herzöge von Landshut als Rohbau übernahmen und um 1500 vollendeten. Geballt und wuchtig wirkt in gotischer Unregelmäßigkeit das Burgschloß des Wittelsbachers, der an Ungestüm, Streitsucht, Intrigen und Hochmut von keinem Für-

Der Herzogskasten war in Ingolstadt die erste herzogliche Residenz.

sten seiner Zeit übertroffen wurde. Auseinandersetzungen mit seinem Sohn Ludwig dem Buckleten zwangen ihn, diesem den Schloßbau in Ingolstadt unvollendet zu überlassen und sich in Neuburg an der Donau seiner Feinde zu erwehren, die ihn nach 18monatiger Belagerung dort überwanden und als Gefangenen nach Burghausen führten, wo er 1447 in der Haft starb.
Wichtigste Baumaßnahme des 16. Jahrhunderts am Schloß war der Bau des Schloßtores, eines wuchtigen Renaissancebaus, dessen Durchfahrt mit mythologischen Reliefs geziert war. Die Wappen der Herzöge Albrecht und Wilhelm deuten auf die Bauzeit um 1570. Beim Schloßbrand 1616 entstand beträchtlicher Schaden in den beiden obersten Geschossen des fünfeckigen Turmes, wie ein Inventar von 1618 überlieferte. Im 30jährigen Krieg brachte man Verstärkungen in Gestalt eines umlaufenden Wehrganges an. Bei Renovierungen entstand 1677 eine neue, bequeme Treppe im Hauptbau, Baumeister war Enrico Zuccalli. Noch mehrfach diente das Schloß den Kurfürsten zum gelegentlichen Aufenthalt, bis es 1788 endgültig dem Militär übergeben wurde.
Kriegerische Ereignisse, neuerlicher Ausbau aber dann endgültige Räumung für die Franzosen 1799 bedeuteten einen ständigen Niedergang des Bestandes und endgültige Verunstaltung. Es diente weiter dem Militär als Magazin, Teile des Schlosses wurden 1886 auf Abbruch verkauft, erneute Schäden entstanden im Zweiten Weltkrieg durch Bomben. Eine betrübliche Entwicklung wurde erst beendet, als 1962 die Bayerische Verwaltung der Schlösser, Gärten und Seen mit einer konsequenten Sanierung begann und das Schloß seiner neuen Bestimmung als bayerischem Armeemuseum zugeführt wurde.
Eine Brücke über den Schloßgraben führt zum Schloßtor mit dem Glockenturm, von dem bereits die Rede war. Nach Durchschreiten des Tores sieht man zur Linken den 1473 erbauten Getreidekasten, ein schlichter Ziegelbau mit Satteldach und einem Rundturm an der Ecke zur Stadt. Im rechten Winkel anschließend folgte die Statthalterei, die eine Bombe des Zweiten Weltkrieges vernichtete.

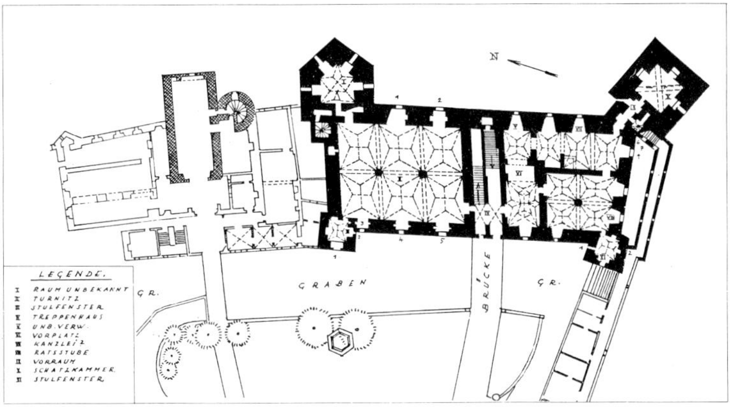

Erdgeschoßgrundriß von Schloß Ingolstadt. Aufmaß M. E. Schuster.

Der Hauptbau ist durch zwei blechbeschlagene Tore zugänglich. Links vom Zugang liegt die Dürnitz, der Aufenthaltsort des Gesindes. Der Raum rechts vom Tor diente im 15. Jahrhundert als Ratsstube. Auf der breiten, von Zuccalli geschaffenen Treppe erreicht man das Obergeschoß. Über der Dürnitz liegt ein großer, von einem Netzgewölbe überspannter Raum, der ursprünglich Tanz- und Speisesaal war. Von hier aus waren durch drei Türen der fünfeckige Turm, eine Wendeltreppe und ein kleiner Raum des Nebenturmes zugänglich. Steinmetzzeichen an Gewänden, die im Schloß in großer Zahl zu finden sind, deuten auf eine Bauzeit unter den Reichen Herzögen. Im schönen Saal, der unteren Tafelstube, ruht das reiche Rippengewölbe auf einer mittleren, gewundenen Säule. Von besonderer Originalität sind in diesem Raum die Türgewände, eines mit Löwenköpfen als Kapitellen auf gerauteten Diensten, possierlichen Äffchen darüber, die ein plastisches Ornament aus Zweigen halten. Ein Feld mit Fischblasenornamenten bildet den oberen Abschluß.
Der nächste Raum ist von einer Balkendecke überspannt, deren Balken mit reichen gotischen Schnitzereien verziert sind.

Er diente als fürstliche Schlafkammer, in der eine Bettstatt mit darüber hängendem Himmel stand. Benachbart lag die gewölbte Kapelle, deren Wände mit Malerei geschmückt waren, die hier leider nur unvollkommen erhalten blieb. Durch ein offenes Feld im Netzgewölbe bestand eine Verbindung zur oberen Kapelle mit den in diesem Fall wohlerhaltenen Wandmalereien. Die veränderten Wohnräume des Fürstenpaares in den beiden Geschossen sind heute ohne Interesse. Neu im Schloß ist der große Saal im zweiten Obergeschoß, in welchem die Fahnen und Standarten der königlich bayerischen Armee aufbewahrt werden. In den von robusten Gurtrippengewölben überspannten Kellerräumen findet der Besucher eine Gaststätte.

Unterhaunstadt Lit. Nr.: 32

Der „Krautbuckel“ genannte Turmhügel liegt ca. 450 m nordwestlich der Kirche von Unterhaunstadt.

Greifenberg, das Vierflügelschloß am Hang trennt der Halsgraben vom Vorgelände.

Landkreis Landsberg

Kaltenberg Lit. Nr.: 12, 25

Das nun in neugotischen Formen verwandelte, stattliche Schloß, entstand aus einer Burg, in der bereits im 12. Jahrhundert die Haltenberger saßen. 1280 gehörte sie Konrad und Engelschalk von Wildenrot, deren Familie mit den Haltenbergern verwandt war und die auch die Burgen Wildenroth und Bücheln (?) besaßen. Die Augsburger zerstörten angeblich mit Hilfe der Rohrbacher die Burg Bücheln. Aus Rache ermordete

Mit bunten Fahnen ziehen beim Ritterfest in Kaltenberg kostümierte Knappen zum Burgtor.

Konrad von Haltenberg den Winhart von Rohrbach, worauf er des Landes verwiesen wurde und der Burgen Kaltenberg und Rauhenlechsberg für verlustig erklärt wurde. Der Mord veranlaßte die Rohrbacher 1296, unterstützt von Reisigen des Bischofs von Augsburg, die Burg Kaltenberg zu zerstören.

Nachdem diese über hundert Jahre als Ruine lag, baute sie Peter Rehlinger von Augsburg 1425 wieder auf.
Der berühmte bayerische Gelehrte und Historiker Wiguleus Hundt (1550—1603) wurde hier geboren. Nach dem 30jährigen Krieg reparierten die Jesuiten von Landsberg das demolierte Schloß, in welchem sie von 1612 bis 1773 saßen. Nach mehrfachem Besitzwechsel kam es an Hauptmann Sommer, der es von 1840 bis 1850 neugotisch renovierte. Die Brauerei richtete dann 1871 Baron Willibald ein. Sie besteht bis zur Gegenwart als Schloßbrauerei des Wittelsbacher Prinzen Luitpold.
Von der Gründungsanlage könnte noch der rings umlaufende Graben stammen, der das fast quadratische Areal umschließt. Neben der Brücke zum Tor steht der Bergfried, der vielleicht noch ältere Bausubstanz enthält. Er erscheint als quadratischer, viergeschossiger Turm mit spitzem Zeltdach und Eckerkern am vierten Geschoß, die um ein Geschoß über die Traufe geführt sind und spitze Blechhauben tragen. Die neugotische Veränderung des an einer Seite des Hofes stehenden Hauptgebäudes mit Stufengiebeln und einer Terrasse mit Bastionen läßt kaum einen Schluß auf die Urform zu. An den drei anderen Seiten des Hofes stehen Wirtschaftsgebäude, eine Gaststätte und die Brauerei. In jüngster Zeit veranstaltet der derzeitige Besitzer, Prinz Luitpold von Bayern, auf der Vorburg historische Ritterspiele und einen mittelalterlichen Jahrmarkt. Ist diese Präsentation wohl auch in Einzelheiten fragwürdig, so reicht das nostalgische Spiel doch allenfalls zum derb fröhlichen Vergnügen.

Greifenberg Lit. Nr.: 12, 25, 36, 38

Unweit der Nordspitze des Ammersees steht auf einer kegelförmigen Anhöhe, rings von einem Trockengraben umzogen, die Burg, die nach dem Brand von 1769 nun als vierflügeliges Schloß mit einheitlichem Walmdach erscheint. Als Gründer im 13. Jahrhundert gilt Griffo von Andechs. Die Andechser gaben die Burg 1248 einem ihrer Ministerialen, dessen Geschlecht sich dann Greifen von Greifenberg nennt und den Grafentitel führt. Der letzte des Geschlechts starb 1420 in Konstantinopel. Erben waren die Gundelfinger, von denen die Herzöge von Bayern den Sitz übernahmen. 1507 kam Greifenberg endgültig durch Kauf von Herzog Albrecht an die späteren Freiherrn von Perfall, deren Besitz das Schloß noch heute ist. Über eine Brücke gelangt man zum vorspringenden Torbau, den ein Mansarddach mit glattem Giebel an der Front deckt und hier das Wappen der Hausherrn, der Freiherrn von Perfall, zeigt. Vier Flügel umgeben einen kleinen Innenhof.

Haltenberg Lit. Nr.: 13, 25, 27, 36, 62

Am Hochufer des Lechtales liegt hinter dem doppelten, U-förmigen Graben mit Zwischenwall am Hang, über den nun ein Damm zum Tor führt, der etwa quadratische Burgplatz, den eine Ringmauer von ca. 32 m Seitenlänge umgibt. Dieser trug vormals auf dem in Quaderwerk aufgeführten unteren Teil über einem Rücksprung einen Wehrgang mit einer Ziegelsteinbrüstung. In der Südostecke steht der noch etwa 10 m hohe, runde Bergfried aus Nagelfluhquadern in der Ringmauer. Gut erhalten ist der ca. 6 m über dem Hof liegende Eingang mit waagerechtem Sturz. Zwei Gruben mit Gewölbeansätzen an den Wänden bezeichnen wohl die Lage des Palas. Außerhalb der Burg steht südlich die Ruine eines Nebengebäudes. Ein wohl getreues Bild gibt der Wening-Stich vom Anfang des 18. Jahrhunderts. Durch schmale Torflügel verbundene Wohn- und Wirtschaftsgebäude umschließen einen engen Hof.
Von der Geschichte des Turmes meldet eine Inschrift: „Hier stand an diesem Römerturm angebaut das Schloß Haltenberg, von seiner Erbauung 1250 bis zum Jahre 1425 besaßen dasselbe das gleichnamige Edelgeschlecht, von 1425 bis 1612 die Rehlinger, von da an bis zu seinem Abbruch 1795 die bayeri-

Aus der Vogelschau zeichnet Mich. Wening die Burg Haltenberg. Gut erkennbar ist der doppelte Graben, der die Burg am Hang zum Lechtal vom Gelände trennt.

schen Landesfürsten". Natürlich kann von einem Römerturm nicht die Rede sein. Wie die Inschrift lautet, erbauten die Haltenberger die Burg im 13. Jahrhundert, das Quadermauerwerk bestätigt diese Zeitstellung. Engelschalk und Konrad von Haltenberg sind 1260 genannt, sie standen im Dienste der Wittelsbacher. Heinrich von Haltenberg kämpfte in der Schlacht bei Gammelsdorf 1313. Die Söhne Engelschalks nannten sich nach ihrer nördlich des Ammersees gelegenen Burg von Wildenroth. Albrecht von Haltenberg verkaufte seine Burg um 1400 an Herzog Wilhelm, der 1425 Peter Rehlinger belehnte. Die Rehlinger saßen hier bis 1612. Wieder im Besitz der Herzöge ging die Burg im 18. Jahrhundert dem Verfall entgegen, den der Abbruch 1795 besiegelte. Gegenwärtig sind am Bergfried Instandsetzungsarbeiten im Gange.

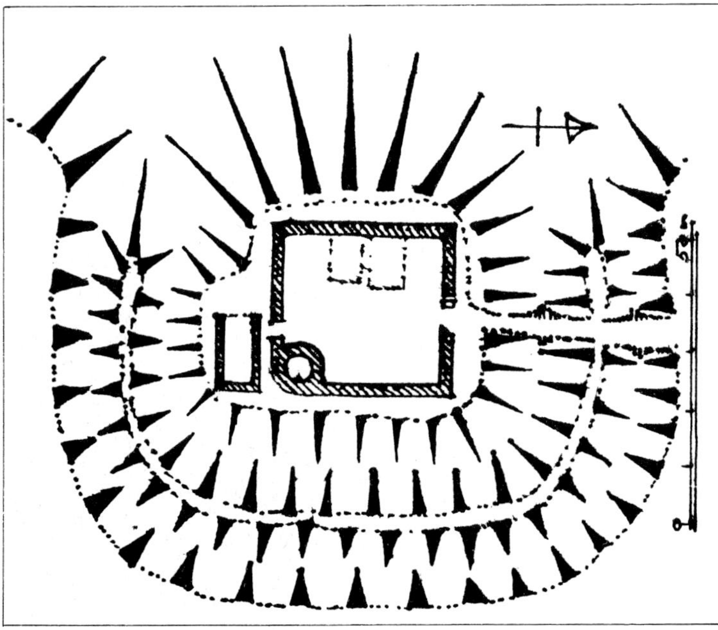

Lageskizze der Ruine Haltenberg zeigt die Anlage als Quadrat.

Rauenlechsberg Lit. Nr.: 6, 25, 36, 62

Auf dem Burgstall an der Spitze eines Hügels hinter einem breiten Halsgraben nördlich von Oberapfeldorf bei dem Bauernhof Rauenlechsberg sind obertägig nur Schuttwälle mit einzelnen größeren Steinen, die Mauerzüge vermuten lassen, in der rechteckigen Oberburg erhalten. Unebenheiten des Plateaus, das nach zwei Seiten steil abfällt, und Gruben deuten auf ehemalige Bebauung. Gründer waren wohl die Haltenberger, doch wurde die Burg wegen des an Konrad von Haltenberg an Winhart von Rohrbach verübten Mordes 1297 vom Herzog eingezogen. 1310 sind Burg und Gericht Rauenlechsberg erstmals genannt, herzoglich bayerische Pfleger, seit 1315 bezeugt, saßen seither auf der Burg. Zu Ende des 18. Jahrhunderts war die Burg bereits Ruine, das Pfleggericht bestand bis 1802. Ein

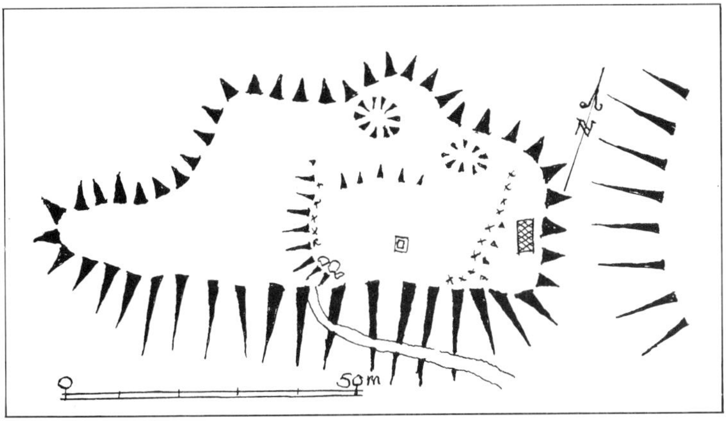

Lageskizze des Burgstalls Rauenlechsberg am Lechtal. – Die Stele auf dem Burgstall erinnert an Burg Rauenlechsberg.

1859 gesetzter Gedenkstein erinnert an die einstige Bedeutung der Burg, 1883 brach man die Ruine bis auf die verbliebenen Reste ab.
Ca. 350 m östlich der Ruine Rauenlechsberg liegt ein Turmhügel, wohl ein Wachtturm der Burg.

Sandau Lit. Nr.: 12, 32, 62

Nördlich der Kirche von Sandau steht in ca. 375 m Abstand die Ruine eines Wachtturmes.

Landsberg Lit. Nr.: 8, 12, 36

Auf der Höhe über der Stadt, auf dem Schloßberg, erweiterte Heinrich der Löwe 1160 die bestehende Burg der 1146 hier nachgewiesenen Herren von Pfetten zur Landesburg. Sie war bestimmt, die Lechbrücke zu schützen, die hier im Zuge der Salzstraße den Fluß überquerte. 1167 kaufte der Stauferkaiser Friedrich I. die welfischen Besitzungen am Lechrain von Herzog Welf VI., die dann mit dem konradinischen Erbe 1268 den Wittelsbachern zufielen. Auf der Abbildung in Anton Wilhelm Ertels Churbayerischem Atlas ist auf der Höhe über der Stadt um 1705 noch eine stattliche Burg dargestellt, 1774 entstand durch ein Unwetter schwerer Schaden. Eine Totalruine aber zeigt Johann Gabriel Friedrich Poppel am Anfang des 19. Jahrhunderts, die Reste der Burg wurden vollständig beseitigt.

Auf dem Schatzberg / Schönberg Lit. Nr.: 25, 32

Bei dem südlich gelegenen Ortsteil von Diessen St. Georg liegt 1675 m südwestlich am Forstweg nach Wengen der Burgstall. Graf Rathard soll 815 das Kloster gestiftet haben, das später die Hunnen zerstörten. Um 1130 zogen auf St. Georg Chorherren ein, denen Graf Heinrich von Andechs 1140 den Ort Diessen und 1157 die Burg Schönberg, den Stammsitz der An-

Der Schloßberg in Landsberg nach A. W. Ertels Churbayerischem Atlas.

dechser, schenkte. Bei dem Burgstall Schatzberg könnte es sich wohl um die Burg Skonenberg handeln. Der Platz ist durch tiefe Furchen gekennzeichnet, die wohl von der Abtragung der Grundmauern herrühren, deren Quadern man 1664 zum Bau der Maria Schnee-Kapelle von Bischofsried verwendete.

Auf der Burg Lit. Nr.: 32

Als solcher ist ein Burgstall ca. 1700 m westsüdwestlich der Kirche von Asch bezeichnet.

Denklingen Lit. Nr.: 32

Der Burgstall liegt ca. 1000 m nordwestlich der Ortskirche.

Epfenhausen Lit. Nr.: 36

Der Burgstall Burgselberg ist durch den Bahnbau teilweise zerstört.

Eresing Lit. Nr.: 12, 62

Von 1190 bis gegen Ende des 16. Jahrhunderts ist ein Adelsgeschlecht genannt, dessen Sitz eine verschwundene Wasserburg an der Stelle des jetzigen Gehöfts war.

Leeder Lit. Nr.: 32

Ein Burgstall liegt ca. 1000 m südwestlich der Kirche des Ortes.

Lichtenberg Lit. Nr.: 32

Ein Burgstall befindet sich im Ortsbereich.

Purzelberg / Walleshausen Lit. Nr.: 32

Der Name des Burgstalls, der ca. 750 m ostnordöstlich der Kirche von Walleshausen liegt, dürfte von Bürzel = Hügel abgeleitet sein.

Rieden Lit. Nr.: 32

Ein Burgstall liegt ca. 900 m ostnordöstlich der Kapelle Romental bei Diessen.

Rott Lit. Nr.: 36, 62

Burgstall ohne Reste auf dem Aichberg.

Schmiechen Lit. Nr.: 12, 36, 62

Am Platze einer mittelalterlichen Wasserburg wurde im 16. Jahrhundert ein Schloßbau errichtet, den man später mehrfach veränderte und im 19. Jahrhundert teilweise abbrach. Verblieben ist ein bescheidener turmartiger Rest. Besitzer waren die Fugger und die Familie von Leonrod.

Schönberg = Skonenburg Lit. Nr.: 32

s. Auf dem Schatzberg.

Scheuring Lit. Nr.: 36

Die Burg wurde 1795 abgebrochen, Burgstall am Burzel nördlich vom Dorf.

Stoffen Lit. Nr.: 36

Burgstall am Fuchsbichel. Ein eigener Adel ist von 1099 bis zum 14. Jahrhundert genannt.

Stoffersberg Lit. Nr.: 36

Verschwundene Burg.

Thaining Lit. Nr.: 32, 36

Burgstall „Ödenburg" ca. 1400 m ostnordöstlich der Kirche Thaining.

Windach Lit. Nr.: 36

Burgstall im Ort.

Vormals schützte ein Ringgraben die Burg Reichersbeuern.

Landkreis Miesbach

Reichersbeuern Lit. Nr.: 8, 12, 27, 62, 65

Gegenwärtig ein gotisches Burgschloß des 15. Jahrhunderts, über dessen Gründung keine Nachricht überliefert ist. Es dürfte am Platze eines frühen Vorgängerbaus stehen, für dessen Besitz ein gleichnamiges Adelsgeschlecht 1045—1358 urkundlich erwähnt ist, das möglicherweise vom Kloster Tegernsee belehnt war. Ob aus dieser Periode Bauteile im späteren Umbau aufgenommen sind, ob z. B. der mittlere, die beiden Höfe trennende Trakt auf den Fundamenten eines Bergfrieds steht, müßte eine genaue Bauuntersuchung ergeben. Ein solcher Turm mit Zinnen ist auf dem Stich von Michael

Wening zu sehen. Im 14. Jahrhundert kam Reichersbeuern an die Herren von Pienzenau. 1394 tauschte Herzog Stephan III. die Burg Hademarsberg mit dem Burgstall Schicklisberg gegen die Burg Ottos von Pienzenau, Reichersbeuern, samt dem Burgstall Hoheneck. Reichersbeuern war demnach seither herzoglich und wurde in der Folge mehrfach als Lehen vergeben oder verpfändet. So vermutlich 1487 an Anton Ross. 1514—1519 saß Veit Jakob Tänzl von Tratzberg im Schloß; er und sein Nachfolger nutzten die Zeit ihrer Herrschaft um Räume im ersten Obergeschoß in spätgotischer Manier mit Vertäfelungen, gemalten Tapeten, Kachelöfen auszustatten und vor allem, um sich im südwestlichen Eckraum mit dem Familienwappen an der Decke zu verewigen. Desgleichen tat Christoph II. von Pienzenau, Hofmeister der herzoglichen Prinzen von Bayern, Kämmerer des Stifts Tegernsee, Lehenpropst und Hofmeister zu Freising, 1575 Kammerpräsident in München († 1578), der 1560 zu München Sophia geb. von Closen zu Gern († 1586) geehelicht hatte. Aus dieser Ehe entstammten eine Tochter Anna und ein Sohn Wilhelm, der als Kleinkind starb. Anna, die das Schloß Reichersbeuern nach dem Tode ihrer Mutter erbte, heiratete 1574 den Bayerischen Rat und Landrichter zu Tölz, Cavalieri Giovanni Battista di Guidebonio Cavalchini, Herrn auf Lichtenberg, Carbonara und Sarzana und brachte ihm die Schlösser Reichersbeuern und Sachsenkam zu. Damit sind die Buchstaben über dem Allianzwappen der Bronzetafel in der Tordurchfahrt aufzulösen als: B(Battista): G(Guidebonio): C(Cavalchini): H(Herr): Z(zu): L(Lichtenberg): A(Anna): V(von): B(Bienzenau): F(Frei): F(Frau): Z(zu): L(Lichtenberg). Guidebonio Cavalchini starb 1603, seine Witwe heiratete in zweiter Ehe Giacomo di Carara, Graf von Anquilara Papafava. Das Ehepaar verkaufte 1605 die Hofmark Reichersbeuern an Franz Füll zu Windach, Handelsherrn zu München. Anna stiftete 1610 das Kloster Reutberg. 1627 übernahmen die Grafen von Preysing die Hofmark. Ein Brand zu Beginn des 18. Jahrhunderts verursachte Veränderungen, für das Jahr 1730 ist ein An- oder Um-

Allianzwappen Pienzenau-Klosen, Deckenschmuck in Reichersbeuern.

bau angezeigt, der im Bereich des ersten Hofes zu vermuten ist. Der gegenwärtige Besitzer ist Freiherr von Sigritz. Das Schloß beherbergt das Landerziehungsheim Max-Rill-Schule. Das Burgschloß liegt auf einer Nord-Süd verlaufenden Höhenrippe westlich des Ortes Reichersbeuern. Die langgestreckte Anlage, die von einem Ringgraben umgeben war, schließt zwei Höfe ein. Der erste Hof ist durch einen quadratischen, viergeschossigen Torbau mit gewölbter Durchfahrt zugänglich. Am inneren Bogen der Durchfahrt ist eine Bronzewap-

Allianzwappen Cavalchini-Pienzenau, Bronzetafel von 1591 am Torweg der Burg Reichersbeuern.

pentafel mit der Jahreszahl 1591 und den Wappen Cavalchini-Pienzenau angebracht. Man betritt dann einen polygonalen, auf zwei Seiten von einer hohen, geknickten Mauer und auf drei Seiten von Gebäuden umschlossenen Hof. Im außen halbrunden Mauerturm am Mauerknick ist die Burgkapelle, die einen interessanten Frührenaissancealtar vom Anfang des 16. Jahrhunderts mit der Schnitzfigur des hl. Martin zu Pferd enthält, im Auszug thront Gott Vater zwischen Engeln. Vor dem inneren Hof steht ein dreigeschossiger, quadratischer Bau

mit einer Durchfahrt, der, wie angedeutet, auf Fundamenten eines Bergfrieds stehen könnte. Den inneren Hof umgeben der vorbenannte Bau, das im vorderen Teil verbreiterte Hauptgebäude, dessen Geschosse durch einen Wendeltreppenturm zugänglich sind, und die Ringmauer. Die Ostfront der Burg ist mit zwei Eckrundtürmen bewehrt, typische Elemente des spätgotischen Schloßbaus.
Im ersten Obergeschoß befinden sich zu Beginn des 16. Jahrhunderts dekorierte Räume mit Vertäfelungen und Holzkassettendecken. Im Südwesteckzimmer eine solche Decke in Gestalt eines Sechsstrahles mit Rautenfeldern. Das Mittlere Wappen dokumentiert den Bauherrn mit dem Wappen der Tänzl von Tratzberg zwischen zwei wilden Männern. An der Decke des gegenüberliegenden Eckraumes im Südosten ist gleichfalls in meisterhafter Schnitzarbeit das Allianzwappen Pienzenau-Closen angebracht. Verschiedenartig farbige, glasierte Kachelöfen und gemalte Stofftapeten vervollständigen die Einrichtung. Im gleichen Geschoß befinden sich im Turmzimmer drei Stuckreliefs des 19. Jahrhunderts mit Motiven vom Raub des Palladions aus Troja und dessen Überführung nach Rom.

Altenwaldeck Lit. Nr.: 12, 25

Die Burgruine bei Niklasreuth war einst die Stammburg der Waldecker, denen auch die Burgen Miesbach, Wallenburg und Hohenwaldeck am Schliersee gehörten. Letztere blieb nach Zerstörung von Altenwaldeck und Miesbach Hauptburg des Geschlechts. Altenwaldeck wurde bereits 1560 als Ruine bezeichnet. Verblieben ist auf steiler Höhe nur spärliches, überwachsenes Mauerwerk.

Hohenwaldeck Lit. Nr.: 1, 6, 7, 8, 25, 27, 36, 62

Auf einem Vorsprung des Leitnerberges über dem Schliersee, vom Berg durch eine natürliche Senke getrennt, steht in dichtem Baumbestand die Ruine mit zum Teil noch beträchtlichen

Vom Wald überwuchert stehen Mauern der Ruine Hohenwaldeck auf einer Bergzunge am Ufer des Schliersees.

Mauerresten. Obwohl es hier schwer ist einen Überblick zu gewinnen, ist anzunehmen, daß ein quadratischer Bergfried am Zugang stand. Wie die anderen Mauerzüge zu bewerten sind, ob als Ringmauer oder Teile von Gebäuden, ist nicht mehr zu klären. Das Buckelquadermauerwerk des Bergfrieds deutet auf eine Gründungszeit im 12. Jahrhundert, die anderen Mauern bestehen aus kleinteiligen Quadern und Bruchsteinen in lagerhaften Schichten. Erbauer der Burg waren die Herren von Waldeck um 1150. In einer Urkunde Herzog Rudolfs von 1301, bei Schlichtung interner Streitigkeiten der Familie Waldeck, sind als deren Burgen Wallenburg und Altenwaldeck (b. Niklasreuth) genannt. Nach Verlust der Stammburg Altenwaldeck waren Hohenwaldeck, Wallenburg und Miesbach die

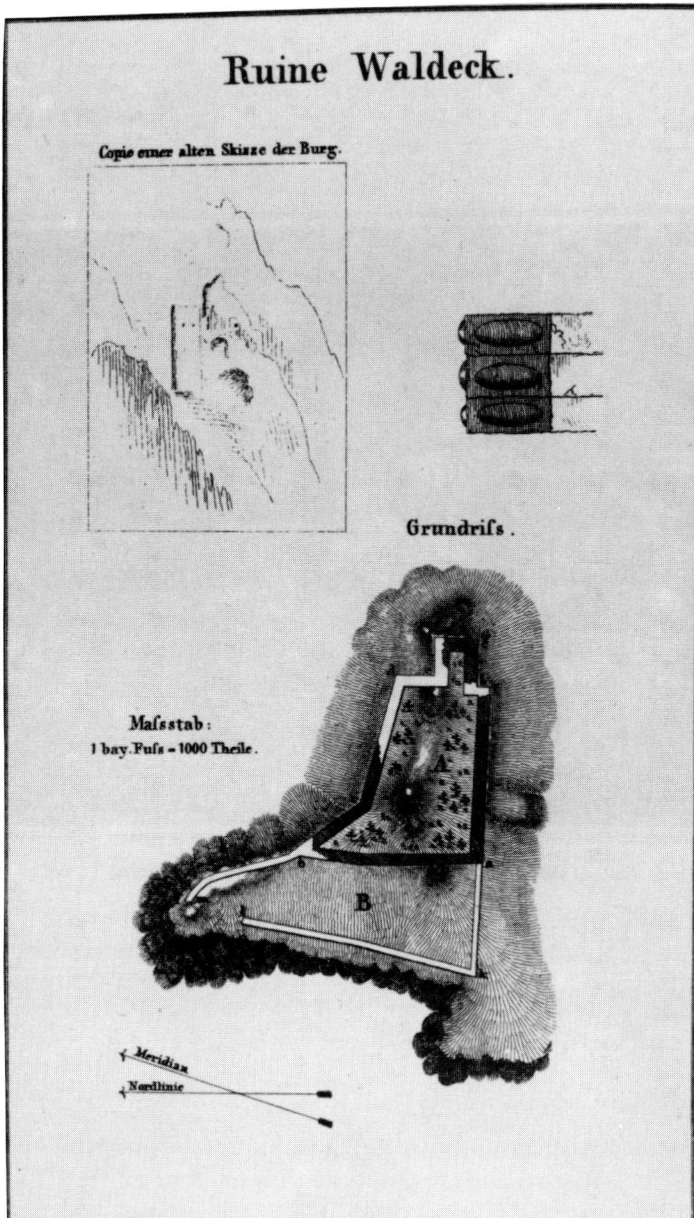

München, G. Franz.

Hauptburgen der Familie. Die Waldecker sind 1483 ausgestorben, bereits zu dieser Zeit war Hohenwaldeck verfallen, 1585 ist die Ruine als „alt heidnisch Gemäuer" bezeichnet. Im Besitz folgten die Maxlrain und 1734 die Wittelsbacher. Die Ruine gehört nun der bayerischen Staatsforstverwaltung.
Das Felsennest steht über einer senkrechten Wand auf stark abfallendem Gelände. An der Bergseite hinter einem sichelförmigen Halsgraben ein Mauerrest mit Buckelquaderkante, wohl Rest des Bergfrieds, der sich nach einer Grundrißzeichnung in den Kunstdenkmälern von Oberbayern und übereinstimmend bei M. Chlingensperg in „Das Königreich Bayern in seinen Schönheiten" an dieser Stelle befand. Die übrigen zum Teil beträchtlich hohen Mauerzüge sind in dem durch Baumbewuchs sehr unübersichtlichen Gelände keinem bestimmten Bauteil der Burg zuzuordnen, sie umschließen eine nach Norden ausbuchtende Trapezfläche mit hohen Schutthügeln. Das Mauerwerk besteht aus sorgfältig bearbeiteten und versetzten großen und kleinen Quadern.

Schwibich Lit. Nr.: 62

Für die geringe Ruine, von der nur ein Mauerstück erhalten ist, wird ein eigenes Adelsgeschlecht um 1195 genannt.

Valley Lit. Nr.: 8, 25, 27, 36, 62

Nördlich des 1740 erbauten Schlosses der Grafen von Arco-Valley liegen Mauerreste einer Burg des 12. Jahrhunderts. Diese Burg erbaute Graf Otto I. von Dachau, der sich als erster von Valley nannte. 1140 belagerte Markgraf Leopold von Österreich die Burg, Herzog Welf II. leistete den Eingeschlossenen Beistand. Otto III. war der letzte des Geschlechts

Alter Plan von Hohenwaldeck bei M. v. Chlingensperg; Das Königreich Bayern in seinen Schönheiten.

Die Burg Valley, Kupferstich von Michael Wening um 1710.

auf Burg Valley. Er war Überbringer der Achterklärung an die Andechser und schleifte ihre Burg am Ammersee. 1212 kam er in den Kirchenbann und starb 1238 unverheiratet und kinderlos. Die Burg Valley kam an die Herzöge von Bayern. Eine begrenzte Grabung des Bayer. Landesamts für Denkmalpflege erbrachte Spuren einer spätrömischen Niederlassung.

Agatharied / Auf der Seiten Lit. Nr.: 32, 36

Burgstall ca. 500 m östlich der Kirche Agatharied.

Fösching Lit. Nr.: 32

Ein Burgstall befindet sich ca. 1000—1300 m nordöstlich der Kirche Hohenlinden.

Gmund Lit. Nr.: 32

Ein Turmhügel liegt an der Nordspitze des Tegernsees, unmittelbar westlich Kaltenbrunn.

Großpienzenau Lit. Nr.: 32, 36, 62

1560 war die Burg hier noch erhalten, von der nur noch ca. 275 m südwestlich der Ortsmitte ein Turmhügel verblieben ist.

Großseeham Lit. Nr.: 36, 62

Von der ehemaligen Wasserburg eines 1090—1160 genannten Ministerialengeschlechts der Falkensteiner ist am Seehamer See nur ein Burgstall ohne Mauerreste übriggeblieben.

Hochburg Lit. Nr.: 32

Burgstall ca. 400 m nördlich der Kirche Schliersee.

Irschenberg Lit. Nr.: 62

Am Ort, an dem nach der Legende Wenden 697 die Heiligen Ananius und Marianus, irische Missionare, erschlugen, liegt ca. 200 m nordwestlich der Burgstall Hundsbühel.

Miesbach Lit. Nr.: 6, 25, 36, 62

Die bischöflich freisingische Burg, zum Schutze des Übergangs über die Schierach erbaut, kontrollierte zwei hier zusammentreffende Salzstraßen. Der Freisinger Lehnsmann Arnold von Waldeck zerstörte die Burg 1312. Als Ersatz für den dem Bistum Freising zugefügten Schaden, nahm Friedrich von Waldeck seine Burg Waldeck von Freising zu Lehen samt Wart und Öffnung. Für den Wiederaufbau der Burg Miesbach wurde Hilfe und Beistand zugesagt. Nach dem Tode des letzten Waldeckers 1483 (s. Hohenwaldeck) kam die Reichsherrschaft Hohenwaldeck an die Herren von Maxlrain. 1785 fand man beim Straßenbau noch Fundamente der Burg. Das an ihrer Stelle erbaute Schloß wurde später abgerissen. 1734 fiel die Herrschaft an Bayern.

Parsberg Lit. Nr.: 36, 62

Die Reste der Burg wurden im 19. Jahrhundert eingeebnet.

Reichersdorf / Schloßberg Lit. Nr.: 32

250 m östlich Kasthub liegt der Burgstall Schloßberg, eine wittelsbachische Burg. Am Ort erkennt man noch Wälle und Gräben.

Wachsenstein Lit. Nr.: 36, 62

Die Burg, von der nun keine Reste mehr erhalten sind, wurde bereits 1560 als Ruine bezeichnet. Der Burgstall fiel 1939 einem Steinbruch zum Opfer.

Waldenburg / = Wallenburg Lit. Nr.: 12, 25, 36, 62

Die Burg ist 1170 erstmals genannt. 1408 wohnte hier Bernhard von Waldeck. Ein Brand vernichtete die Burg 1467, nur die Kapelle blieb erhalten. Um 1480 Wiederaufbau durch Wolfgang von Waldeck, nach dessen Tod 1483 der Sitz an die Maxlrain kam. Veit von Maxlrain starb in der Burg 1518. Das nachfolgend hier erbaute stattliche Schloß verlor durch Veränderungen seinen einstigen Charakter.

Ansicht der der im 16. Jahrhundert erweiterten Burg Haag, Stich von M. Wening.

Landkreis Mühldorf

Haag Lit. Nr.: 6, 8, 12, 25, 31, 34, 36, 37, 38, 62

Eine ungewöhnliche Erscheinung unter den Burgen in Oberbayern ist der stattliche Turm, ein Wohnturm. Er steht im Mittelpunkt der Anlage auf einem Felssockel. In Oberbayern hat er nicht seinesgleichen, und wenn man nach Vorbildern sucht, so findet man solche vielleicht im Rheinland oder gar bei den Nachbarn im Westen, jenseits der Landesgrenzen. Denkbar wären wohl auch Einflüsse aus dem Südwesten, man könnte da an den Faulturm zu Obervellach in Kärnten, an die Bergfriede der Zenoburg bei Meran, der Ruine Hainburg in Niederösterreich und an die Ruine Petersberg in Friesach denken. Woher nun die Gurren als Gründer und Erbauer im 12. Jahrhundert die Anregung nahmen, ist nicht nachzuweisen, die vollendete Form und Bauweise läßt an Beispielen wie Burg Heyden bei Aachen oder an den mächtigen Wohnturm

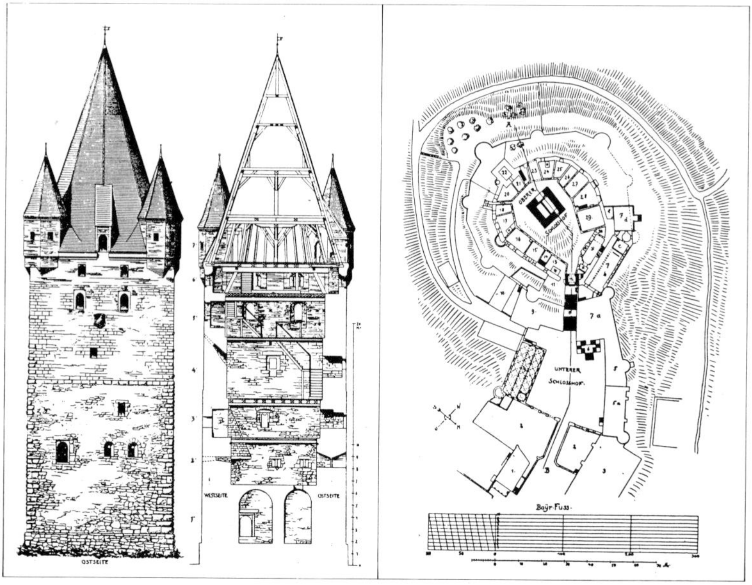

Ansicht, Schnitt und Plan des zentralen Wohnturms der Burg Haag in der doppelten Wehr aus Ring- und Zwingermauer.

von Bentheim im Emsland denken, der seinen Abschluß mit Pfefferbüchsen wie hier im 16. Jahrhundert erhielt. Das Mauerwerk besteht im unteren Teil aus Findlingen, dem Eckzangen aus Buckelquadern mit Randschlag Festigkeit gab. Im gewölbten Untergeschoß, vielleicht vormals als Verlies verwendet, beträgt die Mauerstärke 3 m, sie ist in den von Balkendecken überspannten Obergeschossen stufenweise reduziert. 7 m über dem Erdboden befindet sich der ursprüngliche Eingang, der nur von außen über eine Leiter zu erreichen war. Der Kamin im zweiten Obergeschoß deutet auf herrschaftliche Bewohnung, seine Haube reicht auch durch das nächste Geschoß. Zur wohnlichen Einrichtung zählen auch Sitzbänke in den Fensternischen. Vom Mobiliar oder Wanddekor ist leider nichts erhalten. Das sechste Obergeschoß mit den behelmten Eckerkern auf Konsolen und dem achtseitigen Spitzhelm wurde um 1500 in verputztem Ziegelmauerwerk erstellt. Die Ringmauer aus dem 12. Jahrhundert und die durch Halbrundtürme verstärkte Zwingermauer um 1500 mit Gräben umschließen kreisförmig den Burghof. Gegen das Dorf hin erstreckt sich nach Osten auf tieferem Niveau die ausgedehnte Vorburg.

Im Zuge der Ringmauer steht der gleichfalls aus dem 12. Jahrhundert stammende Torbau mit gewölbter Durchfahrt, zu dem jetzt eine breite Freitreppe führt. Im Burghof waren der Ringmauer Wohn-, Wirtschafts- und Stallgebäude angefügt, die später abgebrochen wurden. Ihre radiale Anordnung erinnert an das Schema der Siebenbürger Bauernburgen mit den an der Mauer angefügten Gaden.

Gründer der Burg waren um 1200 die Gurren, deren redendes Wappen eine Gurre (Schimmelstute) im roten Felde zeigt, es stand im Zusammenhang mit einer Sage, die auf den Erwerb des Territoriums durch einen Umritt deutet. Das Wappen soll den Gründern auch den Namen „zu Gurrenhaag" gegeben haben. 1246 erlosch das Geschlecht der Gurren, das in Urkunden bereits um 1150 genannt ist. 1245 kamen mit Seyfried von Frauenberg das Geschlecht der Frauenberger, denen Kaiser Friedrich II. den Besitz verliehen hatte, hier zur Herrschaft. Sie hatten ihren Stammsitz wenige Kilometer westlich von Haag auf einem Hügel bei St. Christoph. 1509 wurde das Geschlecht in den Grafenstand erhoben, aus dieser Zeit stammt die Bekrönung des Turmes mit dem von vier Trabanten umgebenen Spitzhelm. 1567, nach dem Tode des letzten Frauenbergers Ladislaus, kam die inzwischen zum Schloß erweiterte Burg an die Wittelsbacher. Diese öffneten den Bering nach der Talseite und vermehrten die Anlage durch einen Saalbau, der wie die Bebauung der Vorburg und die Ringbauten 1804 abgebrochen wurde. Diese Maßnahme brachte allerdings den mittelalterlichen Bestand wieder zur Geltung.

1709 war die Burg von den Österreichern in Besitz genommen, Kaiser Joseph II. belehnte die Grafen von Sinzendorf mit Haag, doch traten diese den Sitz nach kurzer Frist wieder an

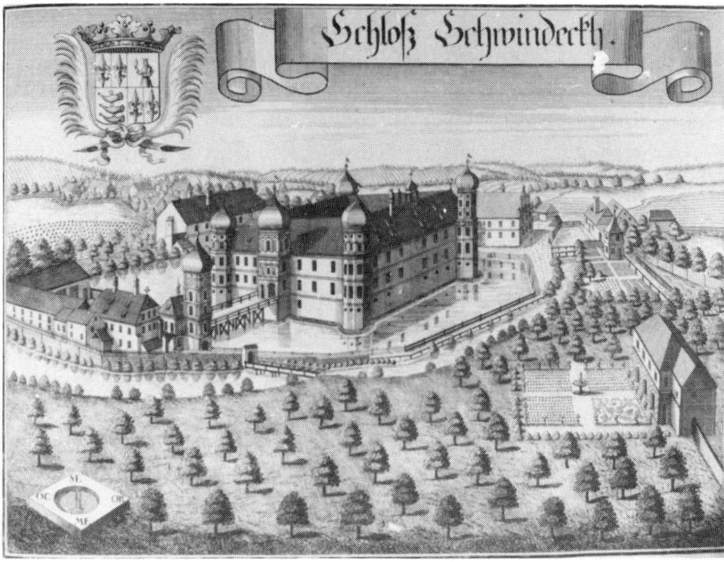

Schloß Schwindegg, 1594 am Platze einer mittelalterlichen Wasserburg erbaut, gleicht heute noch dem Kupferstich von Mich. Wening.

Bayern ab. Auf der freigewordenen Vorburg errichtete man 1864 zwei Institutsbauten. In der Gegenwart verwendet man den mächtigen Turm als Museum.

Klebing Lit. Nr.: 12, 27

Am Platze der Burg wurde um 1700 ein stattlicher Schloßbau als unregelmäßige Vierflügelanlage errichtet. Sagenhaft ist die Nachricht, daß 968 Willibald Bonaventura aus Verona nach Bayern kam, wo er von Kaiser Heinrich I. den Namen Taufkirchen erhielt. Als erster Vertreter des bayerischen Uradelsgeschlechts ist Albero de Tofkirchen zu Ende des 12. Jahrhunderts genannt. Der Stammsitz der Familie von Taufkirchen kam später an das Geschlecht der Überacker.

Eine breite Rampe zum Tor überspannt den Wassergraben von Schwindegg.

Schwindegg Lit. Nr.: 8, 27, 36, 62

Besitzer einer mittelalterlichen Wasserburg, die dort stand, wo 1594 für Sebastian von Haunsperg ein stattliches, vierflügeliges Renaissanceschloß erbaut wurde, waren die Geschlechter von Tattenbach, von Frauenberg und von Pappenheim. Der mit seinen vier runden Ecktürmen wehrhaft wirkende Bau steht noch in der Tradition mittelalterlicher Wasserburgen. Spätere Besitzer waren Herzog Albrecht, Bruder Kurfürst Maximilians, die Familie Hörwarth von Hohenburg und die Fugger. Besonders bemerkenswert sind die an zwei Seiten des Hofes in zwei Geschossen vorgesetzten Arkadengänge, Elemente der Renaissance wie in Amerang.

Au am Inn Lit. Nr.: 32

Ein Burgstall liegt ca. 800 m nordwestlich der Kirche Au.

Dornberg Lit. Nr.: 25

Die Burgstelle liegt auf einer Anhöhe bei Erharting. 1165 sind Wolfram und die Brüder Konrad und Friedrich von Dornberg genannt, die am Kreuzzug teilnahmen. Um 1257 wurde die Burg belagert. Nach dem Tode Graf Eberhards von Dornberg 1322 stritten 1358 der Erzbischof von Salzburg und Herzog Stephan von Bayern um den Besitz, dabei wurde die Burg nochmals belagert. Friedrich der Schöne von Österreich verbrachte hier die erste Nacht nach der verlorenen Schlacht bei Mühldorf.

Guttenburg Lit. Nr.: 25, 27

Auf einem Vorsprung der Hochterrasse am rechten Innufer liegt am Platze der durch einen Halsgraben geschützten Burg das im Kern spätgotische Schloß, das im 16. und 17. Jahrhundert umgestaltet wurde. Um 1140 sind die Herren von Guttenberg genannt, ihnen folgten im Besitz die Herren von Taufkirchen. Mehrere Ritter von Taufkirchen zu Guttenburg liegen in einer Kapelle der Klosterkirche Baumburg begraben.

Die Kapelle auf dem Schloßberg in Kraiburg bezeichnet den Burgstall.

Jettenbach Lit. Nr.: 25, 27

Von der Burg am Inn zeugen keine Mauerreste. An gleicher Stelle steht nun die im 16. Jahrhundert von der Familie von Törring erbaute Vierflügelanlage. Die Herren von Jettenbach erscheinen als Ministerialen der Grafen von Kraiburg seit 1130 in Urkunden. Die Letzte des Geschlechts brachte 1184 als Heiratsgut den Sitz an die Grafen von Törring.

Kraiburg Lit. Nr.: 6, 8, 25, 62

Auf dem Schloßberg bezeichnet eine 1838 erbaute Kapelle den Ort, an dem die ausgedehnte Burg stand, die der Gemahl der letzten Gräfin von Megling-Frontenhausen, Graf Engelbert II.

von Ortenburg anlegte. 1199 erstürmte und verbrannte Graf Albrecht von Bogen die Burg, die jedoch nach dem Ende der Fehde an Graf Rapoto von Ortenburg zurückgegeben wurde. Graf Rapoto III., der letzte Graf von Kraiburg, starb 1248, seine Witwe heiratete Graf Hartmann von Werdenberg. Herzog Heinrich XIII. von Niederbayern erwarb die Burg 1260, sie diente bis 1507 als Sitz eines Pflegamts. Schwere Schäden brachten der Landshuter Erbfolgekrieg und der Schmalkaldische Krieg. 1617 stand nur mehr der Bergfried, nach Verkauf 1756 wurden die noch vorhandenen Reste als Steinbruch benutzt, der Platz endgültig verwüstet.

Lauterbach Lit. Nr.: 36

Burgstall im Lauterbacher Holz.

Lengmoos Lit. Nr.: 32

Ein Burgstall liegt ca. 1200 m südsüdöstlich vom Kloster Gars, das die Grafen von Megling im späten 11. Jahrhundert gründeten.

Leoprechting Lit. Nr.: 36

Seit 1389 Stammsitz der Leoprechtinger, am Ort keine Reste.

Mühldorf Lit. Nr.: 8, 27

Altmühldorf, Besitz des Hochstifts Salzburg am Innübergang, ist 888 erstmals genannt. Bereits 955 Stadt, blieb Mühldorf bis 1802 salzburgische Enklave im bayerischen Umland. Die Hofburg des Pflegers lag auf einer kleinen, vom Stadtgraben umflossenen Insel an der Nordwestecke der Stadt. Der Vogtturm, 1257 erwähnt, war der Bergfried der Hofburg. Von der Stadtbefestigung blieben der Münchener- und der Innere Inntorturm erhalten.

Das Bild vom Stadtbrand in Mühldorf am Inn zeigt auch die nicht erhaltene Stadtburg mit dem Vogtturm als Bergfried. KD. Obb. BA Mühldorf.

Niedertaufkirchen Lit. Nr.: 32

Ein Burgstall ist ca. 1750 m südöstlich der Kirche des Ortes erhalten.

Zangberg Lit. Nr.: 36

Schloßbau von 1687 am Platze einer mittelalterlichen Burg.

Der alte Hof in München, Litho v. C. A. Lebschée n. Zchng. v. D. Quaglio.

Stadtkreis und Landkreis München

München / Alter Hof Lit. Nr.: 6, 8, 20, 51

Noch heute führt die Burgstraße auf den Torturm zu, der als einziger Bauteil aus dem 14. Jahrhundert von der ersten Burg der Wittelsbacher in München erhalten blieb. Ludwig der Strenge nahm nach der Teilung Bayerns 1255, bei der ihm die Rheinpfalz und Oberbayern zugefallen war, seinen Sitz in München, wo er entweder eine vorhandene Befestigung in der

Wenig verändert präsentiert sich die Südwestecke des Alten Hofes in München heute nach der Restaurierung in jüngster Zeit gegenüber der Lithographie von C. a. Lebschée nach der Zeichnung von D. Quaglio.

Ein Relief im Torweg des Alten Hofs erinnert an die Stifter der Burgkapelle.

Nordostecke der Stadt bezog und ausbaute oder hier neu gründete. Mit großer Wahrscheinlichkeit wurde die einstmals von Gräben umzogene Vierflügelanlage, deren Grundriß sich in der großen Form bis in unsere Tage erhalten hat, unter Kaiser Ludwig dem Bayern geschaffen. Zu seiner Zeit erbaute man sicherlich den westlichen Flügel und ersetzte die an der Nordmauer gelegene Lorenzkapelle durch eine Kirche, die der Kaiser den Franziskanern überließ. Sie wurde 1816 abgebrochen, um für das Rentamt Platz zu schaffen, Skulpturen, darunter das Stifterrelief, das man als Kopie im nördlichen Fußgängerdurchgang angebracht hat, bewahrt das Bayerische Nationalmuseum. Unter Herzog Sigismund (1470–1490) erfuhr der Alte Hof eine Ausgestaltung im Sinne der anspruchsvollen Wohnkultur. Die Freude am Schmuck und an der Farbe fand Ausdruck in einer Fassadenmalerei an den Hofwänden, deren südliche durch den noch erhaltenen zierlichen Holzerker einen besonderen Akzent erhielt. Bis auf dieses Schmuckstück ist aller Glanz im Innern der nüchternen Atmosphäre eines Finanzamts gewichen. Zum Lobe des zu allen Zeiten bewunderten Erkers dichtete Thomas Greidl aus Steinfelden:

... Nun ist aber ein Turm darunter
An dem kann sehen einer Wunder
Den Meister soll man billig loben,
Spitzig ist er unten und oben,
Rührt weder Erde noch Himmel an,
Tat dennoch unbeweglich stahn.

München / Neuveste Lit. Nr.: 6, 8, 20, 21, 36a, 51

Als durch die Stadterweiterung nach Norden der Alte Hof seine Randlage verlor und es den Wittelsbachern nach dem Bürgeraufstand von 1384 geraten erschien sich aus der Umklammerung durch die Stadt zu befreien, begannen sie 1385 in sicherer Entfernung weiter nördlich mit dem Bau einer nach den Regeln der Zeit befestigten Residenz, die zum Unterschied von der alten Veste, dem Alten Hof, nun Neuveste genannt wurde. In der 2. Hälfte des 15. Jahrhunderts fand eine Erweiterung statt, indem man einen großen Festsaal, den Georgssaal, anfügte.

Obertägig blieb von dieser aus unterschiedlichen Bauten zusammengesetzten Vierflügelanlage mit Türmen an drei Ecken nichts erhalten. Sichtbar sind dagegen Teile der Fundamente unter dem Apothekerhof der Residenz, die begehbar sind und im Hofpflaster mit Linien markiert wurden. Auf zeitgenössischen Darstellungen ist ein Komplex unorganisch verschachtelter Türme und Giebelhäuser wiedergegeben, die mit Mauern und Wassergräben geschützt wurden. Die nach Nordwesten orientierte Achse des Burgschlosses bestimmte auch Lage und Richtung des Antiquariums, mit dem Herzog Albrecht V. (1550–1579) begann, die Residenz unter Leitung des Baumeisters Wilhelm Egckl über den Bereich der Neuveste hinaus zu erweitern, um hier einen Bau zur Aufnahme seiner

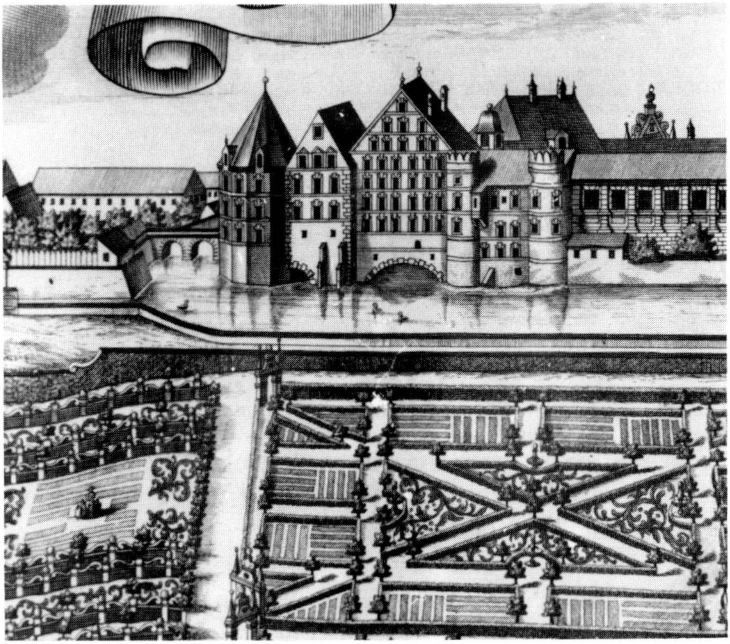

Die Neuveste zu München wie sie Mich. Wening um 1710 sah. Fundamente sind im Keller der Residenzbauten erhalten.

Kunstkammer zu gewinnen. Hier begann die Entwicklung der auf einer anderen Achse nach Norden eingestellten Residenz, in der die Neuveste zunächst, wie auf einem Stich von Michael Wening zu sehen, aufging, um dann dem Festsaalbau Klenzes in der Ära König Ludwigs I. zu weichen.

München / Blutenburg Lit. Nr.: 6, 8, 37, 51

Wer heute auf der Autobahn von Augsburg kommend das Stadtgebiet erreicht, bemerkt, hinter Bäumen versteckt, zur Rechten einen Baukomplex, dessen von spitzen Turmhelmen und Dachreitern gezeichnete Silhouette ihn als Werk des ausgehenden Mittelalters ausweist. Der kleine Edelsitz,

seit 1432 als „Pluedenburg“ urkundlich genannt, wurde 1435—1439 durch Herzog Albrecht III. aus einem Vorgängerbau entwickelt, dem mutmaßlich die Bezeichnung Burg mehr angestanden hatte als der überkommenen Anlage. Herzog Sigismund, dessen Lieblingsaufenthalt das Schlösschen wurde, fügte 1488 in den Bereich die Kapelle zu Ehren seines Namenspatrons. 1667 erwarb Freiherr von Berchem das Schloß, ließ das im Schwedenkrieg schwer beschädigte Wohngebäude 1681 in neuer Form erstellen und verwandelte Wall und Graben in Gartenanlagen. Seit 1848 in königlichem, dann staatlichem Besitz, bewohnten das Schloß längere Zeit die Englischen Fräulein, heute ist darin die Internationale Jugendbibliothek untergebracht.
Erhalten sind Teile der Ringmauer mit dem dreigeschossigen Torturm und vier achteckige Türme mit Spitzhelmen, die immerhin den Wehrbaucharakter bewahren. Das zweigeschossige Wohnhaus hat ein Walmdach mit mittlerem Dachreiter. Die Schloßkapelle, im Äußeren durch flache Streben gegliedert, ist durch das Spitzbogenportal im Süden, das in einer Rechteckblende steht, zugänglich. Unter den Stücken der spätgotischen Ausstattung erscheinen die Altargemälde von Jan Pollack, die Wandmalereien und die berühmten „Blutenburger Apostel“, Holzfiguren eines unbekannten Meisters, sowie die Glasgemälde der Fenster besonders bemerkenswert.

Grünwald Lit. Nr.: 6, 8, 11, 12, 25, 27, 31, 36, 38, 62

Ein beliebtes Wanderziel der Münchener ist die Burg, die heute in Teilen als Zweigmuseum der Prähistorischen Staatssammlung dient. Ursprünglich hatten wohl die Römer hier am Hochufer der Isar einen Stützpunkt, zahlreiche steinerne Zeugen der Römerzeit birgt nun das Museum. In dieser Zeit oder gar in der vermuteten keltischen Periode einer Uranlage, entstanden konzentrische Wälle und Gräben. Nach längerer Zeit der Verödung erscheinen Nachrichten über einen Hof im Forst erstmals wieder 1291, von dem 1294 die Benennung

Zwischen dem Torbau und dem Wachtturm am Eck spannt sich die Front der Burg Grünwald hinter Wall und Graben.

„Zum grünen Walde“ überliefert ist. Diesen Hof „Gruoninwalde“ des Klosters Tegernsee ertauschte Herzog Ludwig der Strenge, um hier eine Burg zu bauen, die noch den Kern der heutigen Anlage bildet.
Nach Zerstörung 1486/1487 erfolgte der Wiederaufbau, der im wesentlichen die heutige Erscheinung bestimmt, die sich wie folgt darstellt: Hinter Wall, Graben und Zwinger steht das langgestreckte Hauptgebäude zwischen dem Torbau hinter der Brücke über den Graben im Süden und einem schlanken Wachtturm im Norden. Das Hauptgebäude umschließt mit niedrigeren, teils gewölbten Nebengebäuden und einem Mauerstück den etwa rechteckigen Burghof, an dessen Nordostecke ein weiterer Turm steht. Das Hauptgebäude enthält Wohnungen und Museumsräume. Zum Mauerwerk verwendete man größtenteils Hartbrandziegel, in einzelnen Teilen

Burg Grünwald, Litho von C. Lebschée nach Zeichnung von D. Quaglio.

auch Tuffquader und Findlinge. Die einzige äußere Verzierung der sonst schmucklosen Anlage bilden Wappen der Herzöge und ihrer Frauen an den Stufen des Torbaugiebels. Zur Sicherung des Tores diente der breite Erker auf fünf profilierten Konsolen an der Front mit Gußlöchern und Schlüsselscharten. Der mit Tuffsteinen verkleidete Brunnenschacht könnte noch römischen Ursprungs sein; er reicht bis zur Talsohle.

1319—1490 war die Burg, die unter den Herzögen Sigismund und Christoph ihre Glanzzeit erlebte, Sitz des oberbayerischen Jägermeisters. Im 16. Jahrhundert sank sie in ihrer Bewertung zum Gefängnis für politische Gefangene ab, 1601—1857 benutzte man sie als Pulvermagazin, 1878 kam sie in Privatbesitz und nach schwierigen Verhandlungen endlich 1979 wieder in Staatsbesitz. Die Sage berichtet von drei Jungfrauen, die zur Zeit der Sonnenwende erscheinen, weiß, schwarz-weiß und schwarz gewandet, in Begleitung eines Hundeungeheuers mit feurigen Augen. Jede der Jungfrauen trug einen Spinnrocken, in der Tiefe des Burghügels krähte ein Hahn.

Schwaneck Lit. Nr.: 38

Ein Unikum unter den oberbayerischen Burgen ist die romantische Pseudoburg, die Ludwig von Schwanthaler 1841—1844 durch Friedrich Gärtner erbauen ließ. Dem 26 m hohen Wohnturm ist seitlich ein polygonales Treppentürmchen angefügt. Eine Ringmauer umschließt den Bereich, der über die Zugbrücke durch ein Spitzbogentor zugänglich ist. 1845 wurde die Hubertuskapelle hinzugefügt und 1902 der Bau erweitert. In der Ferne sieht man am anderen Ufer der Isar die Burg Grünwald.

Baierbrunn Lit. Nr.: 25, 36

Die Ritter von Baierbrunn waren um die Mitte des 12. Jahrhunderts Schirmvögte des Klosters Schäftlarn. Erchambold von Baierbrunn soll die Burg erbaut haben. Ritter Konrad urkundete 1239 auf der Burg. Der letzte Baierbrunner Konrad war Feldhauptmann Kaiser Ludwigs des Bayern, er starb 1322. Durch Heirat seiner Witwe kam der Sitz an Rudolf von Preysing zu Wolnzach, der Sohn Konrad von Preysing zu Baierbrunn verkaufte die Burg 1399 an Herzog Ludwig den Gebarteten. 1420 eroberte Münchener Bürgerwehr die Burg und brach sie ab. Umfassungsmauer und der Brunnen sowie der Wallgraben sind noch erkennbar, sonst keine Mauerreste. Die Burg lag auf der Konradshöhe an der Isar.

Ludwig von Schwanthalers Pseudoburg Schwaneck baute F. Gärtner 1841/44.

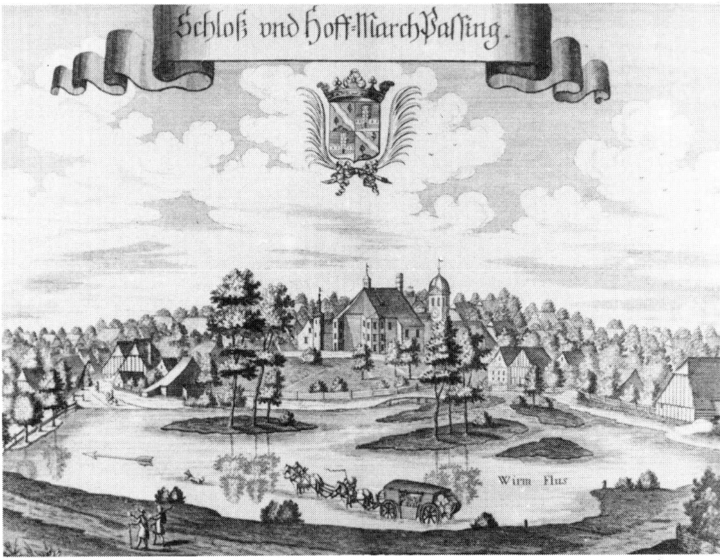

Auf einer Motte in einem Seitenarm der Würm baute die Münchener Patrizierfamilie Pütrich im 14. Jahrhundert bei Pasing ein festes Schloß.

Birkschanz bei Schäftlarn Lit. Nr.: 25

Nach der Sage stand hier eine mittelalterliche Burg, die vielleicht den Herren von Iring oder den Rittern von Baierbrunn gehörte. Von ihrem Bestand zeugen nur noch ein Burgstall mit Wall und dreifachem Halsgraben auf dem östlichen Hochufer der Isar. Wohl keltisch-römischen Ursprungs, dann herzoglicher Hof.

Helfendorf Lit. Nr.: 32

Ein Turmhügel liegt ca. 75 m nordwestlich der Kirche Kleinhelfendorf. Ein weiterer Turmhügel, „Höhenrait“ genannt, ist ca. 1050 m ostsüdöstlich Blindham erhalten.

Mit verändertem Baubestand ist die Motte an der Würm bei Pasing im Klostergarten wohlerhalten.

Höhenkirchen Lit. Nr.: 12, 36

Stammhaus der Hechenkirchen, 1491 Edle von Waager.

München – Pasing Lit. Nr.: 20, 32

Der Burgstall im Klostergarten der Englischen Fräulein ist von einem Wassergraben umgeben, der aus der hart westlich vorbeifließenden Würm gespeist wird. 1381 war die kleine Burg im Besitz der Münchener Patrizierfamilie Pütrich, die 1284 das „Pütrich-Seelhaus", das älteste Krankenhaus der Stadt gestiftet hatte.

Straßlach Lit. Nr.: 32

Ein Burgstall liegt ca. 625 m westnordwestlich der Kapelle Beigarten.

Mit Mauern, Türmen und einem breiten Wassergraben umgeben steht die Blutenburg als Wehrbau jüngst restauriert in neuen Glanze. Im Schutzbereich des Mauerringes aus dem 15.Jahrhundert liegt der später repräsentativ gestaltete Schloßbau.

Neuburg a. d. Donau, Turm der „Münz“ am Oberen Tor.

Landkreis Neuburg-Schrobenhausen

Neuburg a. d. Donau / Die Münz Lit. Nr.: 30

Die westlich der späteren Siedlung Neuburg a. d. Donau gelegene Burg Niunburg am Donauufer, in der 1007 bereits Kaiser Heinrich II. geurkundet hatte, war im 12. Jahrhundert Besitz der Marschälle von Kalentin-Pappenheim. Heinrich von Kal-

Die Residenz in Neuburg a. d. Donau von Osten. Vom Burgschloß Ludwigs des Gebarteten ist nur der linke Rundturm in das neue Bauprogramm von Jeremias Doctor 1664 aufgenommen.

den, den Kaiser Heinrich VI. 1197 mit dem Amt Neuburg belehnt hatte, errichtete dort eine Vogtei. Als die Burg 1246/1247 zerstört wurde, entstand ein neuer Sitz des Vogtes an der Westspitze des Stadtberges, der in späterer Zeit den Namen „die Münz“ erhielt. Nach Erledigung der Verwendung als Vogtei war der Bergfried der Burg nacheinander Gefängnis als Armsünderturm, Hexenturm oder Pulverturm, im 16. Jahrhundert bestand bei dem Turm eine Münz- und Gießstätte für Glocken und Geschütze. So blieb der Burg bis zur Gegenwart der Name „Münz“. Die Münz blieb auch seit 1250

zunächst Sitz der Vogtei unter den Wittelsbachern. Namen wittelsbachischer Vögte sind aus dem 14. und 15. Jahrhundert überliefert. Die zunächst durch Mauer und Graben isolierte Burg wurde um 1400 in den den ganzen Stadtberg umfassenden Mauerring einbezogen und zugleich zur Bewachung des westlichen Oberen Tores bestimmt. Der Burgweg wurde nun als Barbakane mit Vortor am Stadtgraben einbezogen.
Geblieben ist der quadratische, dreigeschossige Turm, dessen ursprünglich nur vom 1. Obergeschoß erreichbare Erdgeschoß später durch eingebrochene Eingänge von Westen und Norden zugänglich gemacht wurde. Das Mauerwerk besteht aus kleinformatigen, sauber bearbeiteten und lagerhaft versetzten Kalksteinquadern als Schale und einem Füllmauerwerk aus Bruchstein mit viel Kalkmörtel. Balkendecken trennen die unteren Geschosse, das Obergeschoß, von Norden über eine Treppe im Mauerwerk zugänglich, ist mit einer Tonne überwölbt, die vormals die Wehrplatte trug. Alle Fenster sind in späterer Zeit erweitert, das Krüppelwalmdach ist mit Mönch- und Nonnenziegeln gedeckt. Im Westen steht an den Turm angelehnt das sogen. Ritterhaus, ein Bau aus der Mitte des 15. Jahrhunderts. Es ist ein dreigeschossiger, unterkellerter Giebelbau, dessen Giebel durch senkrechte, mit Stichbogen geschlossene Blenden gegliedert sind. Im Erdgeschoß war ursprünglich eine große Halle mit einer offenen Balkendecke über einem Unterzug auf einer Holzsäule. Während die Untergeschosse aus Bruchstein mit Ziegeln gemauert sind, wurden die Obergeschosse in Fachwerk erstellt. An einer Türrahmung ist unter einem Dreipaß die Jahreszahl 1462 eingeschnitzt. Der trapezförmige Hofraum ist nach Westen durch ein zweigeschossiges Giebelhaus, wohl an Stelle der Gießhütte, und nach Westen durch Neubauten begrenzt, die die ursprüngliche Situation mit Zwinger und Graben verunklärt haben.

Neuburg / Residenz Lit. Nr.: 30

Von einem Burgschloß, einem Wehrbau, in welchem sich Ludwig VII. im Barte gegen seinen Sohn Ludwig den Buckligen und seine Vettern 1435/1436 bis zu seiner Festnahme verteidigte, kann nur in der ersten Bauphase des späteren Residenzschlosses gesprochen werden. Der Bau am Unteren Tor war dadurch bedingt, daß der 1422 außer Landes gegangene Herzog Ludwig nach seiner Rückkehr 1425 seinen 1418 begonnenen Schloßbau in Ingolstadt seinem Sohn Ludwig dem Buckligen überließ und begann, sich in Neuburg am östlichen Stadttor eine Residenz zu schaffen, da die Vogtei im Westen dafür ungeeignet erschien. Die Nennung von Schloß und Veste in Bauakten des 15. Jahrhunderts bezeugt eindeutig die Existenz von zwei Objekten, nämlich der Münz im Westen und dem Schloß Ludwigs im Osten. In der nach Ludwigs im Barte traurigem Ende folgenden Bauperiode des Schlosses, vermehrten die Landshuter Herzöge als Erben – Ludwig des gebarteten Sohn Ludwig der Bucklige war vor diesem gestorben – zunächst den Bestand durch Anfügung einzelner Gebäude. Ein einheitliches Ganzes im 16. Jahrhundert daraus geschaffen zu haben, war das große Verdienst Herzog Ottheinrichs und endlich im 17. Jahrhundert Herzog Philipp Wilhelms von Pfalz-Neuburg. Es beherrscht als massige Vierflügelanlage mit Barockfront und Renaissancegiebel am Nordtrakt das Stadtbild auf hohem Felssockel an der Donau.

Sandizell Lit. Nr.: 6, 8

1007 ist der Name erstmals erwähnt; hier war im 11. Jahrhundert der Stammsitz eines gleichnamigen Adelsgeschlechts. Seit 1640 sind die Sandizeller Reichsfreiherrn, seit 1790 Reichsgrafen. Die Wasserburg wurde im 30jährigen Krieg zerstört, der Wiederaufbau erfolgte 1749—1755, seither steht die regelmäßige Rechteckanlage, der Entwurf stammt vom Neuburger Hofbaumeister Johann Puechler, Veit Haltmayr, Stadtbau-

Die Fassade von Schloß Sandizell wurde 1750 geschaffen. Das Schloß steht am Ort einer Wasserburg des 12. Jahrhunderts.

meister von Ingolstadt führte ihn aus. Der dreigeschossige Bau mit Portal in einem Mittelrisalit, zu dem man nach Durchschreiten eines Torturmes und einer Allee gelangt, ist rings von einem breiten Wassergraben umgeben, der wohl bereits die ursprüngliche Wasserburg schützte.

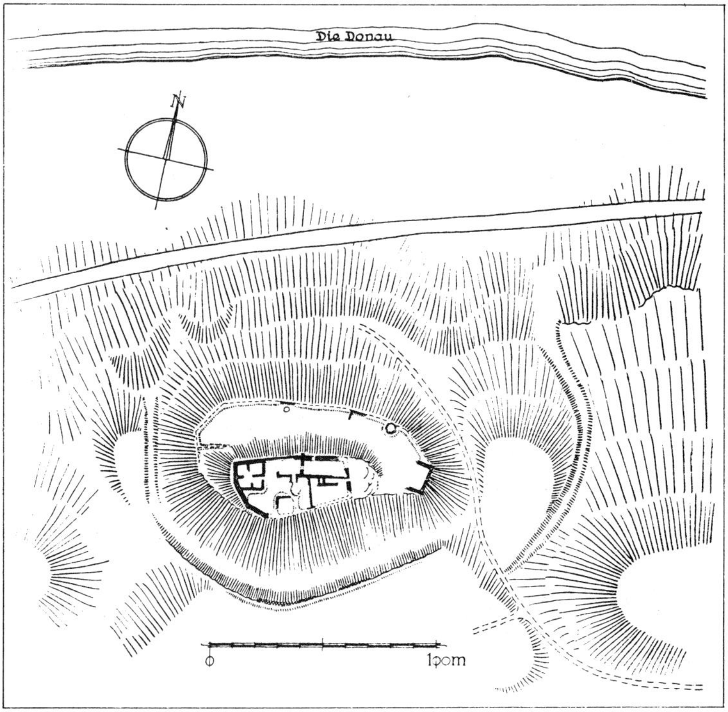

Alte Burg Lit. Nr.: 30

Die Erbauung der Burg fällt wohl in das Ende des 10. Jahrhunderts. 1007 urkundet Kaiser Heinrich II. „in caminata in castello Haeriditatis suae quod dicitur Nouumburgum". Es ist anzunehmen, daß es sich dabei um die Alte Burg bei Neuburg handelt, die zu dieser Zeit im Besitz des Kaisers war. 1197 belehnte Kaiser Heinrich VI. seinen Marschalk Heinrich von Kalden mit dem Amt Neuburg. Vermutlich hatten die Reichsmarschälle von Kalentin-Pappenheim schon zuvor das Burggrafenamt von Neuburg inne. Die Burg ist 1246/1247 in der Meraner Fehde zerstört worden und ging aus dem Besitz der

Wie der Aufmaßplan der Ruine „Alte Burg" zeigt, sind auf dem Plateau noch beträchtliche Mauerzüge erhalten. KD Lkr. Neuburg a. d. Donau.

Pappenheimer in den der Wittelsbacher über, die vermutlich die Burg wieder aufbauten, indem sie altes Material neu verwendeten und Veränderungen vornahmen. Im Krieg Bayerns gegen den Rheinbund 1386 zerstörte Graf Ulrich von Helfenstein Städte und Dörfer an der Donau, zugleich wohl auch die Kaiserburg und die Alte Burg, die beide nicht wieder aufgebaut wurden. Im Auftrage Herzog Philipp Ludwigs von Pfalz-Neuburg prüften die Baumeister Jeremias Landrer und Sigmund Doktor die Ruine auf Verwendbarkeit des Steinmaterials zum Bau des Hofkirchenturmes zu Neuburg mit dem Ergebnis, daß eine Quadermauer gestürzt und abgetragen wurde. 1818 erhielt die Stadt Neuburg die Ruine der Alten

Burg vom König als Geschenk mit der Auflage, sie stets in gutem Zustand zu erhalten. In neuerer Zeit wurde diesem Auftrag entsprochen.
Den Namen Alte Burg erhielt die Burg wohl in späterer Zeit im Gegensatz zur Neu-Burg, der Vogtsburg auf dem Stadtberg. Sie liegt 2 km westlich der Stadt am südlichen Steilufer der Donau. Ein wohl kürzlich mit dem Aushub des Grabens überhöhtes ovales Plateau auf felsigem Untergrund ist durch einen tiefen, sichelförmigen Halsgraben vom Gelände getrennt, dessen Kontereskarpe noch Spuren einer Vermauerung aufweist. Dem total bebauten Plateau ist nach Norden und Osten auf tieferem Niveau eine Terrasse wohl als Zwinger vorgelagert. Die Ringmauer der Kernburg ist mehrfach von Gebäuden überbaut, Mauern ragen noch bis zu 12 m Höhe auf. Eine fast quadratische Grube in der Mitte der Südseite dürfte den Standort des Bergfrieds markieren. Im Innenraum steht noch Kellermauerwerk im Westen und weitere Mauern, die zum Teil nur als Schuttwälle zu erkennen sind. An dem hochragenden Mauerteil im Westen ist durch Balkenlöcher die Einteilung in fünf Geschosse erkennbar, von denen das dritte Geschoß auffallend niedrig ist. Im Bereich des Zwingers ist noch ein verschüttetes Brunnenloch sichtbar. Das Vorgelände der Burg war durch weitere Wälle und Gräben gesichert, die weitgehend durch die Forstwirtschaft verwischt wurden.

Die Kaiserburg Lit. Nr.: 30

Wohl im 10./11. Jahrhundert als Reichsburg erbaut, diente die Burg später den Grafen von Graisbach-Lechsgmünd als Grenzburg. Bereits 1280 beanspruchten die Wittelsbacher den Wehrbau, der dann endgültig 1342 bayerisch wurde. Im Wittelsbacher Urbar von 1280 ist belegt: Die Burghut des älteren Ritter von Straß beim Schloß Kaisersberg nimmt der Herzog von Bayern als sein Lehen in Anspruch, jener aber behauptet lediglich, er habe Burg und Burghut Kaiserburg als sein Lehen

vom Grafen von Graisbach um die Summe von 100 Pfd. Pfennigen erhalten. Wahrscheinlich wurde die Burg 1386 im Krieg Bayerns gegen den Rheinbund zerstört. Auch in dieser Burg forschten wie in der Ruine der Alten Burg die Baumeister des Neuburger Herzogs nach verwendbarem Steinmaterial; hier allerdings war das Untersuchungsergebnis negativ. Erkannt wurde seinerzeit Mauerwerk bis zu 4$^{1}/_{2}$ Schuh Stärke mit wenig Quadern stark verwittert.
Die Burg liegt etwa 6 km westlich Neuburg a. d. Donau am südlichen Donauufer im Walde bei dem Dorfe Oberhausen. Ein sichelförmiger Halsgraben schneidet ein tropfenförmiges, abschüssiges Plateau aus, dessen oberer, südlicher Teil vom unteren durch eine Quermauer getrennt ist. Spuren der Ringmauer sind um den ganzen Bereich zu erkennen, sie bestehen überwiegend aus Füllmauerwerk, das der Quaderhülle beraubt wurde. Standorte von Gebäuden sind im Innenraum nur durch einige Gruben zu vermuten.

Hütting Lit. Nr.: 30, 42

Im Wellheimer Tal, dem Urstromtal der Donau, steht bei dem gleichnamigen Dorf auf steilem, in das Tal vorspringenden Felskegel die Ruine der Burg, die wohl um das Jahr 1000 von den Grafen von Graisbach erbaut wurde. 1065 urkundete Graf Berthold II. von Lechsgmünd auf Burg Hütting als Lehnsträger der Kirche Eichstätt. Später saßen hier graisbachische Ministerialen, die sich nach der Burg nannten. Anselm von Hütting ist 1230 genannt und Bertholdus dictus Hutinger ist als Zeuge in einer Urkunde vom 28. 1. 1253 unter den Milites zu finden. Das Geschlecht starb 1550 mit dem letzten Herren von Hütting aus. Die grundherrlichen Rechte gingen nach dem Tod des Grafen Berthold VII. von Graisbach durch mehrere Hände, so zuerst in die des Herzogs Friedrich von Bayern, 1349 blieb die Herrschaft zunächst im gemeinsamen Besitz der Söhne Kaiser Ludwigs des Bayern, fiel dann aber bei erneuter Teilung 1392 an Herzog Stephan den Kneißel von

Von der Ruine Hütting im Wellheimer Tal, dem Urstromtal der Donau, steht auf der Felszunge nur noch eine Wand des mutmaßlichen Wohnturms aufrecht.

Ingolstadt. Sein Sohn Ludwig im Barte übergab sie zunächst an Ludwig den Buckligen, doch wurde die Burg vermutlich in der Fehde Ludwigs des Bärtigen gegen den Landshuter Herzog Heinrich I. eingenommen, verbrannt und zerstört.
Die bescheidene Burg dürfte im Kern nur aus einem etwa quadratischen Wohnturm bestanden haben, von dem noch ein 12 m langes, ca. 8 m hohes Mauerstück aufragt. Ein noch als flache Mulde erkennbarer Abschnittsgraben trennte den Turmbau von der Vorburg, die von einer Ringmauer umzogen und durch den Halsgraben vom Vorgelände getrennt war. Teile der Ringmauer wurden 1815 gänzlich abgetragen.
Auch für die Ruine Hütting ist eine Schatzsage überliefert. Hüter des in Gewölben verborgenen Reichtums war hier ein unheimliches Teufelswesen, dem sich einmal ein Hirtenknabe zu nähern versuchte. Das schreckliche Erlebnis dieser Begegnung brachte ihn um Bewußtsein und Sprache und am dritten Tage den Tod. Damit erlosch der Spuk.

Schenkenau Lit. Nr.: 32

An der Kirche von Schenkenau liegt ein Burgstall.

Schönesberg / Lorenzberg Lit. Nr.: 32

Der Burgstall liegt ca. 1100 m westlich der Kirche Schönesberg.

Rohrenfels Lit. Nr.: 32

Im Garten des Schlosses liegt ein großes, von Pappeln umgebenes Rechteck mit einem 3—4 m hohen Kegel mit kreisförmiger Oberfläche von ca. 10 m Durchmesser, wohl Standort einer Turmburg. An der Nordseite befindet sich ebenerdig der Eingang zu einem Keller mit Gewölbe.

Steingriff Lit. Nr.: 32, 36

Die Kirche des Ortes steht in einem Burgstall.

Schrobenhausen Lit. Nr.: 6, 8

Die Stadt an der Paar, vor Zeiten Gaugrafensitz, war seit dem frühen 12. Jahrhundert Sitz herzoglicher Ministerialen und Pfleger. Die Burg aus der Zeit Kaiser Ludwigs des Bayern wurde durch Herzog Ludwig den Bärtigen im 15. Jahrhundert in die Stadtbefestigung einbezogen. In dieser Zeit war die Burg Sitz des Landgerichts. Das ehemalige Pflegschloß wurde 1912 durch einen Umbau verändert.

Waidhofen Lit. Nr.: 32

Unmittelbar südlich der Kirche des Ortes liegt der Burgstall.

Walda / Reichbichel Lit. Nr.: 32

Ein Burgstall liegt ca. 1300 m nordnordwestlich der Kirche Walda im Müllerholz; ein zweiter Burgstall am nordöstlichen Ortsrand von Walda.

Weichering Lit. Nr.: 32, 36

Verschwunden ist die Wasserburg mit einem Plateau von 30 mal 40 m, die nach einem Bild in der Kapelle beim Pfarrhof vier Ecktürme hatte. Ihren Platz nimmt nun ein Bauernhof ein. Das künstlich aufgeschüttete Plateau lag ca. 4 m über der Grabensohle. Eine große Vorburg nach Westen und Süden war gleichfalls mit Graben und Wall umzogen.

Weilach / Sattelberg Lit. Nr.: 32

Der Burgstall liegt ca. 700 m westnordwestlich der Kirche Weilach.

Eine Wasserburg ist der spätmittelalterliche Bau in Reichertshausen.

Landkreis Pfaffenhofen

Reichertshausen Lit. Nr.: 8, 12, 36, 62, 63

Die Burg, ursprünglich wohl als Wasserburg auf einem Pfahlrost gegründet, wurde später zum Schloß verwandelt. Seine mächtigen Mauern, die Zinnengiebel und der starke Torturm lassen es als einen Bau spätmittelalterlicher Prägung erscheinen. Auf drei Seiten umschließen Wohngebäude den unregelmäßig rechteckigen Hof, den auf der vierten Seite eine Mauer schließt. Der ganze Komplex, der mit seinen Zinnen und Schießscharten noch Wehrbaucharakter zeigt, spiegelt sich ringsum im Wassergraben.

Unter der Rubrik: Schloß, Burgstall und Zugehörungen ist im bischöflich Freisinger Lehnbuch 1334 verzeichnet, daß Rupprecht von Reichertshausen den Sedlhof zu Reichertshausen mit Schloß an Ludwig Pütrich, Ratsherrn zu München, verkauft. Mitglied dieser Familie war auch Jakob Pütrich III. von Reichertshausen, ein später Minnesänger, Besitzer einer großen Bibliothek, von der das Verzeichnis überliefert ist. 1497 folgte im Besitz der Burg Hans von Pfeffenhausen, der 1607 das Gut an Hanns Wolf von Weichs zu Steingriff verkaufte. Um 1700 wurde das Schloß durch Stuckdecken bereichert. 1786 brachte die letzte Erbin Maria Josepha von Weichs ihrem Ehemann Karl Wilhelm Frhr. von Vequel den Besitz zu. Seit 1862 ist das Schloß in den Händen der Familie der Frhrn. von Cetto, die aus der Lombardei stammt und es noch bewohnt.

Vohburg Lit. Nr.: 8, 12, 29, 38, 62

Die Burg der Markgrafen von Vohburg und Cham, der Diepoldinger, steht auf hohem Felsen über dem Städtchen an der Donau, der nach drei Seiten steil abfällt. Das Herrschaftsgebiet der Grafen des Nordgaus erregte das Verlangen der Staufer, die sich im 12. Jahrhundert am Besitz der Diepoldinger bereicherten, bis diesen kaum mehr als der leere Markgrafentitel blieb. 1204 starb das Geschlecht aus, die Wittelsbacher traten das Erbe an. 1316 wurde die Burg zerstört, 1414 wieder aufgebaut. 1435 fand hier die heimliche Hochzeit Herzog Albrechts III. mit der schönen Baderstochter aus Augsburg, Agnes Bernauer statt. Erhalten blieben von der bedeutenden Burg der Torbau und die Ringmauer aus dem 13. Jahrhundert. Unter den wenigen erhaltenen Torbauten in Oberbayern ist der der Vohburg wegen seiner ausgeprägten Stilformen und der guterhaltenen Sperrvorrichtungen besonders bemerkenswert. Der spitzbogige äußere Torbogen steht in einer Blendnische, die über einer Rahmenleiste in zwei Spitzbogenfeldern schließt. An der mittleren Konsole eine kleine Rautentartsche. In gleicher Weise ist die schmale Fußgängerpforte unter einem

Zierblenden schmücken den Torbau der Burg Vohburg a. d. Donau.

Konsolensturz gestaltet. In der von einer Tonne mit Stichkappen überspannten Torhalle befinden sich beiderseits tiefe Nischen, die linke steht in einem durch Doppelbogen auf mittlerer Konsole geschlossenen Blendfeld, in beiden Nischen Schlüsselscharten. Im inneren, gleichfalls spitzbogigen Torbogen ist ein Fallgatterschlitz eingefügt, Kämpferkonsolen des Bogens sind beiderseits mit plastischen, romanischen Orna-

Typische romanische Ornamente am Kämpferfries der Vohburg.

menten verziert. In der inneren Torwand ist der Schacht für den Sperrbalken des Tores vorgesehen.
In der Torhalle befinden sich zwei Wappensteine auf Sockeln. 1. Rautenschild mit Inschrift in Minuskeln: hertzog albrecht m cccc l xxx II = 1482. — 2. Schild mit dem Wappen Pfalz-Bayern und Inschrift: h · a · 1477, am oberen Rand eine Zinnenleiste. Die Ringmauer, teilweise mit erhaltenem Wehrgang, umzieht den Kirchplatz mit der Pfarrkirche St. Peter, Wohngebäuden und dem Friedhof. Im Zuge der Mauer nach Westen steht die Ruine eines nach innen vortretenden, quadratischen Mauerturmes. Das Mauerwerk besteht aus kleinteiligen Kalksteinquadern.

Scheyern-Wittelsbach Lit. Nr.: 15, 25, 26, 43, 54, 62

Die Geschichte der Burgen in Oberbayern ist in vielen Fällen zugleich die Geschichte des Hauses Scheyern-Wittelsbach oder

Die Stammburg der Herren von Scheyern-Wittelsbach wurde zum Kloster verwandelt. Auf der Höhe steht an Stelle der Burg die Klosterkirche.

doch zumindest eng mit dieser verbunden. Dies Geschlecht, das letzten Endes in der Führung und Gestaltung des Staatswesens von bescheidenen Anfängen nach Überwindung einer ganzen Schar von Konkurrenten zur höchsten Spitze – zuletzt zur Königswürde – aufstieg, verdankte den Einstieg in den Bereich der Mächtigsten weniger erlesener Herkunft, als vielmehr seiner Treue zu deutschen Königen und Kaisern.
Noch ist die Abstammung der Grafen von Scheyern-Wittelsbach nicht bis in letzte Einzelheiten geklärt, man hat sich bei großen Wahrscheinlichkeiten zu bescheiden. Gern hätten die Genealogen, wie z. B. die Mönche des Hausklosters Scheyern, ihrem Klostergründer eine Abkunft aus höchsten Schichten, nämlich mit Karl dem Großen als Ahnherrn zugedacht, wie auf der Scheyerner Fürstentafel geschehen, doch machten bereits Historiker wie Veit Arnpeck und Aventinus bescheidenere Vorschläge. Letztlich blieb es bei der Klärung des Stammbaumes nach Max Spindler bei der Erkenntnis, daß „die Abstammung der Wittelsbacher von den Luitpoldingern als gesichert gelten darf, das die Ableitung von den Huosi an Glaubhaftigkeit gewonnen hat".
An der Wurzel des Stammbaumes steht demnach Graf Otto mit seiner Gemahlin Haziga. 1050 war er Vogt des Freisinger Domkapitels. Beider Sohn Eckart war 1080 Vogt des Klosters Weihenstephan. Dessen Sohn Otto nannte sich am 13. Juli 1116 erstmals nach der neuen Burg von Wittelsbach, er wird am 25. Juni 1120 Pfalzgraf von Bayern genannt, eine Würde die für die spätere Entwicklung von größter Bedeutung wurde.
Beide Burgen Scheyern und Wittelsbach existieren nicht mehr. Die erstere wurde nach der dritten Verlegung des Hausklosters in die Burg Scheyern 1119–1123 umgewandelt, der Name der Burg Wittelsbach erscheint erstmals um 1116, sie bestand nur bis 1209. Ausgrabungen im Bereich der Burg Wittelsbach im Zusammenhang mit der Ausstellung „Wittelsbach und Bayern" 1980 haben erste Ergebnisse zunächst über die Flächengliederung des Burgstalles erbracht. Daraus ist

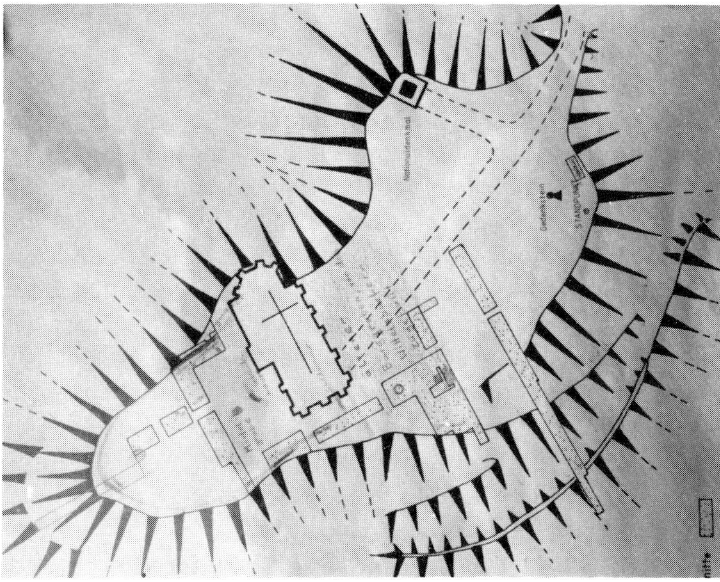

Grabungsplan des Burgstalls Wittelsbach nach G. Koch; In: Wittelsbach u. Bayern I, 1, S. 134. – Am Ort ergrabene Mauerzüge der Burg.

zu ersehen, daß die Burg auf einer hinteren Kuppe am östlichen Talrand der nach Norden fließenden Paar lag. Der leicht gebogene Sporn fällt an der Spitze auf drei Seiten steil aus einer Höhe von ca. 20 m gegen das Tal ab, ein tiefer Abschnittsgraben trennt den vorderen Bereich, vermutlich den Standort der Kernburg, vom nächsten Abschnitt, den seinerseits wieder ein breiter Graben vom Gelände trennt. Ein weiterer, sichelförmiger Graben umfaßt die Anlage im Osten, vermutlich war das eingeschlossene Areal wieder durch einen Abschnittsgraben geteilt, es waren demnach dem Kern der Anlage mehrere Verteidigungsabschnitte vorgebaut. Im Abstand von ca. 150 m in Richtung der Spornspitze nach Nordwesten liegt im Gelände ein wohl künstlich aufgeschütteter Hügel, dessen rundes Plateau vormals einen frühen Wohnturm getragen haben mag. Die kürzlich erfolgte Gebietsreform hat den Landkreis Aichach-Friedberg neuerdings zu Bayerisch Schwaben geschlagen. Wegen ihrer außerordentlichen Bedeutung für das Thema „Burgen in Oberbayern" wurde die Burgruine Wittelsbach, im Landkreis Aichach gelegen, in diesen Band einbezogen. Am Ort ist ein Obelisk in gotischen Formen mit Fialen und einer Kreuzblume errichtet, den „das treue Bayern seinem 1000jährigen Regentenhause im achten Regierungsjahr König Ludwigs I." gewidmet hat.

Jetzendorf Lit. Nr.: 6, 32

Ein Turmhügel befindet sich 50 m nordöstlich von Grünental. – Ein weiterer Turmhügel liegt ca. 350 m westnordwestlich Jetzendorf. – Am Platze des Schlosses auf einer Anhöhe über dem Dorf bei der Kirche stand im 12./13. Jahrhundert die Burg wittelsbachischer Dienstmannen. Seit ca. 1300 saßen am Ort die Herren von Cramer aus Hohenkammer. Veit von Cramer verkaufte 1520 Schloß und Hofmark an Ritter Conrad Zillenhard, endlich kam der Sitz nach mehreren Besitzwechseln 1830 an Frhr. von Freyberg. Zwei Flügel im Süden und Westen am weiten Hof, ersterer mit einem dreiachsigen

Portalvorbau, letzterer im Norden mit einem viergeschossigen Rechteckbau endend, an dessen Nordseite die halbrunde Kapellenapsis vorspringt.

Burgstall Lit. Nr.: 32, 36

Am Ort saß im 12. Jahrhundert ein freies Adelsgeschlecht. Der Burgstall liegt im Bereich der Kirche Burgstall.

Dünzing Lit. Nr.: 36

Burgstall der Burggraben.

Eschelbach Ilm / Schwarzbrunnenfeld Lit. Nr.: 32

Auf dem Burgstall ca. 350 m ostnordöstlich der Kirche Eschelbach saßen zu Beginn des 12. Jahrhunderts freisingische und zu Anfang des 13. Jahrhunderts wittelsbachische Ministerialen.

Geroldshausen Lit. Nr.: 36

Ca. 110 m südlich vom Ort Burgstall am Kirchholz.

Haushausen / Schloßberg Lit. Nr.: 32

Vormals der Sitz eines freien Edelgeschlechts. Der Burgstall liegt ca. 850 m nordöstlich der Kirche von Haushausen.

Niederwöhr Lit. Nr.: 36

Die abgegangene Burg stand auf einem Hügel bei der Kirche.

Pörnbach Lit. Nr.: 32

Ein Turmhügel liegt ca. 775 m ostsüdöstlich von Maushof im Burgholz.

Reichertshofen Lit. Nr.: 12

Vom 11. bis 14. Jahrhundert saß hier ein wittelsbachisches Ministerialengeschlecht, das die Burg erbaute. Herzog Ludwig im Barte von Bayern-Ingolstadt vergrößerte die Anlage, seit 1449 ist der Ort Markt im Fürstentum Pfalz-Neuburg. Vom ehemaligen Schloß sind kaum Reste erhalten, ein zweigeschossiger, stark veränderter Bau und Mauerreste der Ringmauer.

Rohrbach Lit. Nr.: 32

Der Burgstall Turmberg liegt ca. 650 m südsüdöstlich der Kirche von Rohrbach.

Rotenegg Lit. Nr.: 32, 36

Ein Burgstall liegt im Bereich der Kirche. Hier war die Stammburg der Rotenegger. Das an gleicher Stelle 1551 erbaute Schloß existiert nicht mehr.

Schillwitzried Lit. Nr.: 32

Ein Burgstall, vormals Sitz wittelsbachischer Ministerialen, liegt unmittelbar nördlich der Kapelle Schillwitzried bei Schillwitzhausen.

Singenbach Lit. Nr.: 32

Ein Burgstall liegt unmittelbar westlich der Kirche Singenbach.

Uttenhofen Lit. Nr.: 32

Der Burgstall Burggraben liegt ca. 1450 m südöstlich der Kirche Uttenhofen.

Wolnzach Lit. Nr.: 36

Das kurfürstliche Schloß ersetzte eine mittelalterliche Burg an gleicher Stelle. Nach mehrfachen Änderungen brannte der Schloßbau 1632 im Verlauf der Kriegsereignisse ab. Er wurde 1695—1702 wieder aufgebaut, verfiel jedoch hundert Jahre später 1810 nach vorhergegangener Versteigerung dem Abbruch.

Zell Lit. Nr.: 32

Im Bereich der Ulrichskapelle befindet sich ein Burgstall.

Lauben und Arkaden beleben die Hofwände von Schloß Amerang.

Landkreis Rosenheim

Amerang Lit. Nr.: 6, 8, 51

Ein Adelsgeschlecht dieses Namens saß nachweislich seit dem 11. Jahrhundert in seiner Burg. Es folgten im Besitz 1395 die von Laiming, seit dieser Zeit ist die Herrschaft als Hofmark bezeichnet, möglicherweise erfolgte zugleich die Verwandlung zum gotischen Burgschloß, das dann seinerseits von 1550

bis 1560 in neuen Renaissanceformen umgestaltet wurde. Vorübergehend im Eigentum der Scaliger aus Verona, später der Herren von Lamberg, gehört das Schloß heute der Familie von Crailsheim.
Der im Äußeren anspruchslose Bau auf isoliertem Felssockel südlich des Ortes, überrascht durch die architektonische Gliederung des unregelmäßig vierseitigen Hofes mit seinen Lauben im Erdgeschoß und den ringsumlaufenden Arkaden an den Obergeschossen, der gelegentlichen Konzertveranstaltungen einen gediegenen Rahmen gibt. Der Hof zählt zu den ältesten aber auch liebenswürdigsten Bauschöpfungen der frühen Renaissance in Bayern und repräsentiert in idealer Form den alpenländischen Schloßtyp spätmittelalterlicher Prägung. An Stelle der außen fehlenden Ecktürme steht ein solcher in einer Ecke des Hofes. Besucher werden durch das Schloßmuseum geführt.

Hohenaschau Lit. Nr.: 6, 8, 11, 12, 27, 31, 36, 50, 56, 62

Die Burg wurde etwa 1165—1170 durch Konrad von Hirnsberg und seinen Bruder Arnold gegründet, Gebrüder, die wahrscheinlich einer Seitenlinie der Grafen von Falkenstein angehörten.
Die Aschauer, wie sie sich nach ihrer Burg nannten, waren Lehnsleute der Grafen von Falkenstein, anfänglich erscheinen sie auch als Ministerialen der Grafen von Sulzbach. Sie waren allenfalls ein bedeutendes Ministerialengeschlecht, in dessen Dienst kleinere Lehnsträger standen. Wahrscheinlich war ihnen von den Falkensteinern die Untervogtei über die Salzburger und Herrenchiemseer Güter übertragen. Als die Macht der Falkensteiner im Sinken war, verstanden es die Aschauer, beizeiten in den Dienst der Herzöge von Bayern zu treten. Otto de Aschowe erscheint bereits 1251 als Dienstmann des Herzogs. Bis 1339 besaßen die Herren von Aschau-Hirnsberg den festen Platz. Als sie jedoch zu Beginn des 14. Jahrhunderts in wirtschaftliche Schwierigkeiten gerieten, mußten sie ihre

Um den mittelalterlichen Bergfried von Hohenaschau gruppieren sich spätere Bauten der Barockperiode. Die Lage der Burg auf dem jäh im Tal aufragenden Felskegel betont den Willen der Erbauer, Herrschaft zu demonstrieren. Der ursprüngliche Wehrcharakter ist zu Gunsten der repräsentativen Schloßarchitektur aufgegeben.

Burg den reichen Mautnern von Berchtesgaden überlassen, deren Schuldner sie geworden waren. Auch Heiraten der jüngeren Aschauer mit Mautnertöchtern konnten daran nichts ändern.
Friedrich Mautners Sohn Veit überließ Burg und Herrschaft Aschau 1374 seinem Schwiegersohn, Ritter Conrad von Freyberg, als Lehen. Von 1383 bis 1610 waren nun die Freyberg Herren auf Hohenaschau. Von 1540 bis 1561 hatte Pankraz von Freyberg die mittelalterliche Burg in ein Renaissanceschloß verwandelt, es entstanden in dieser Periode die Gebäude um den inneren Schloßhof, deren Hauptbau den Festsaal enthält. Gleichzeitig aber wurde die Befestigung nach modernen Gesichtspunkten verstärkt, indem man der Westspitze die obere und untere Bastei anfügte. Außer diesen Verbesserungen seiner Burg, bemühte sich Pankraz von Freyberg aber auch im Wirtschaftsbereich durch Gründung von Bergwerken und Errichtung von Schmelzhütten. 1550 berief ihn Herzog Wilhelm IV. in die Hofkammer und ernannte ihn vier Jahre später zum Hofmarschall, ein Amt, das er auch noch unter Herzog Albrecht V. ausübte. Seine Zuwendung zur protestantischen Lehre bedingte dann 1563/1564 seinen Sturz. Von seinen geistigen Interessen zeugten eine ungewöhnlich reiche Bibliothek und Waffensammlung in der „Harnasch Camer“, deren Bestände unter seinen Nachfolgern fahrlässig zerstreut wurden. Die bedeutende Sammlung ging bei mehreren Auktionen in alle Welt, so daß der weitaus größte Teil für alle Zeit verloren war.
Als letzte Erbin brachte Benigna von Freyberg die Herrschaft 1610 an ihren Gemahl Christoph von Preysing. Er war ein Sproß der bedeutenden Adelsfamilie, die möglicherweise dem bayerischen Uradelsgeschlecht der Fagana entstammte. Stammsitz der Familie war die Burg Kronwinkl in Niederbayern, als ihr Ahnherr gilt Gerunch de Prisinga. Die Familie der Freiherrn, später Grafen von Preysing besaß und bewohnte gelegentlich Hohenaschau von 1611 bis 1853. In diesem Zeitraum wurden die Schloßgebäude um wesentliche Elemente

der Dekoration bereichert, die noch heute die kunstgeschichtliche Bedeutung des Schlosses ausmachen. Die endgültige Gestalt erhielt das Schloß dann unter Graf Max II. 1672 bis 1686. Spätere Veränderungen wie Anbauten am Turm und das Kaplanhaus waren für die Gesamtwirkung ohne große Bedeutung.

Nachfolgend häufig wechselnde Besitzer scheiterten mehrfach an ihrer Verschwendungssucht. Letzte adlige Besitzer waren die Freiherrn von Kramer-Klett seit 1875. Aus ihrer Hand erwarb 1942 die Reichsmarine das Schloß. Heute ist die Bundesrepublik, vertreten durch die Bundesvermögensverwaltung, Außenstelle Bad Reichenhall, hier der Hausherr, und nun dient der Bau als Ferienwohnheim.

Frei im weiten Priental krönt die Burg einen mächtigen Felskegel, der isoliert in der Ebene aufragt. Das verhältnismäßig enge Plateau des Felsens ließ keine regelmäßige Form des Grundrisses zu, vielmehr bediente man sich der natürlichen Bodenformen, wie das ja für die frühen deutschen Gipfelburgen charakteristisch ist.

Typisch für die Zeit der Gründung und das Land ist ferner der Baubestand im Kern. Ein Burgweg führt zum Tor der Vorburg. Durch ein weiteres Tor an der dem Feind zugewandten Seite im Schutze des Bergfrieds erreichte der Ankommende den inneren Hof. Eine Ringmauer mit Wehrgang umzog die Vorburg und die Kernburg. Über den sicher ursprünglich vorhandenen Palas und weitere Wohngebäude kann nichts ausgesagt werden, sie gingen in späteren Bauteilen auf.

Betreten wir die Burg durch das äußere Tor, so zeigt dort über dem Bogen eine Gußeisenplatte mit dem Freybergwappen und der Jahreszahl 1561 an, daß hier eine Bastei an Stelle einer mittelalterlichen Toranlage geschaffen wurde. Die Initialen P. v. F. nennen den Bauherrn Pankraz von Freyberg. Die Stellung der Kapelle neben dem ersten inneren Tor entspricht einer Tradition im Burgenbau, die gern den gefährdeten Torbau in den Schutz höherer Mächte stellte, wie wir das z. B. von der Wildenburg im Odenwald oder der Pfalz Gelnhausen

kennen. Die Kapelle, ein Rechteckraum mit einem Tonnengewölbe, ist mit Stukkaturen verziert.
Auf der Vorburg befanden sich vormals Ställe, der Wehrgang an der Südseite wurde später zum Gang zur Kapelle umgewandelt. Ein Fallgatter schützte das Haupttor, dessen Flügel mit Eisenblech beschlagen und mit dem Preysingwappen mit einem geharnischten Ritter mit Fahne und Schild bemalt sind. Ein Guckloch im Tor erlaubte einen Blick auf den Einlaßbegehrenden.
Der Zugang zum Bergfried, der wohl ursprünglich in beträchtlicher Höhe lag, ist nun in der Torfahrt, daran die Wappen Preysing und Törring. Die Beischrift in Versalien ist aufzulösen als „Maximilian (II.) Johann Franz Graf von Preysing und Maria Anna Adelheid Gräfin von Preysing geborene Gräfin Törring zu Seefeld“, um 1680 bis 1685. Ein kreisförmiges, barockes Treppenhaus ist dem mittelalterlichen Bergfried eingefügt, es führt hinauf zum Festsaal.
Der kunstgeschichtlich bedeutendste Raum der Gebäude um den inneren Schloßhof ist der Festsaal mit überlebensgroßen Figuren der Preysing-Ahnen, von Heinrich I. 1269 bis Johann Maximilian 1664. An der Ostwand die Figuren der Justitia und Prudentia mit Inschrift „Der Hochgeborne Max Francz des Heyl: Röm: Reichs Graf von Preysing etc. hat der Preysingischen Familiä zu guettem dissen Saal gancz neu Erpauet Anno 1686“. In mehreren Zimmern befindet sich Deckenstuck.
Der letzte Ausbau der Burg im 19./20. Jahrhundert hat dem Baudenkmal nicht immer glücklich neuere Stilelemente hinzugefügt. Während der Sommermonate finden Führungen zur Kapelle, dem Bergfried und zu den Prunkräumen statt.

Maxlrain Lit. Nr.: 8, 12, 25

Die Ritter von Maxlrain waren Dienstmannen der Grafen von Neuburg. Maxlrainer dienten Kaiser Maximilian I. und Kaiser Karl V. als Reichsvasallen, 1727 starb das Geschlecht aus. Vom

Das Renaissanceschloß Maxlrain steht am Platze einer mittelalterlichen Burg der Ritter gleichen Namens.

Bestand der Burg ist nur die Kapelle mittelalterlich. Das an Stelle der Burg 1582—1586 erbaute Schloß wurde durch Brand vernichtet. An seiner Stelle erbaute man das bestehende Schloß im Renaissancestil 1582—1586. Der Spätgotik verhaftet ist noch das steile Giebeldach, den herrschaftlichen Charakter betonen vier runde Ecktürme, die auf dem Oktogon über dem Traufgesims Zwiebelhauben tragen. Durch Anbauten im „altdeutschen Stil" ist die Front im 19. Jahrhundert verlängert.

Neubeuern Lit. Nr.: 6, 8, 12, 25, 38, 62

Auf beherrschender Höhe, weit das Inntal überschauend, ist die Burg wohl zur Kontrolle des Schiffsverkehrs schon im 12. Jahrhundert von den Grafen von Frontenhausen angelegt. Heinrich Graf von Frontenhausen, Teißnach und Megling soll die Feste seinem Sohn, Konrad II., Bischof von Regensburg, vererbt haben. Sicher ist, daß von 1226 bis 1388 das Domstift Herr des Platzes war. Nach mehrfachem Besitzwechsel kamen Burg und Markt an Harbrecht von Harskir-

Als Rest der Burg Neubeuern blieb vor dem neuen Schloßbau der mächtige, freistehende Bergfried, dessen Quadermauerwerk im Untergeschoß als Bauzeit des 12. Jahrhunerts erkennen läßt.

chen zu Zangberg, 1400 bis 1403 an Wolfart von Alben, auf den 1407 Jakob von Thurn folgte. Im Besitz seiner Familie blieb der Platz bis auf Sigmund von Thurn 1642. Dann folgten die Preysing von Hohenaschau und die Herren von Wendelstadt als Besitzer. Das Jahr 1743 brachte das Ende der mittelalterlichen Burg, als diese im Österreichischen Erbfolgekrieg gesprengt wurde. Die Quadersteine verwendete man zum neuen Schloßbau, der, im Laufe der Zeit mehrfach verändert, von 1904 bis 1908 durch Gabriel von Seidel in der bestehenden Form endgültig gestaltet wurde. Vom mittelalterlichen Bestand verblieb nur der frei im Hof stehende Bergfried, über dem Untergeschoß aus großen Quadern steht Mauerwerk aus kleinen und großen Steinen im Wechsel. Der ursprüngliche, rundbogige Eingang liegt in beträchtlicher Höhe an der Westseite, der Zinnenkranz ist eine moderne Zutat. Von kunstgeschichtlichem Interesse ist die 1751 erbaute Schloßkapelle St. Augustin, wohl ein Werk des Ignaz Gunetzrhainer. Das Schloß dient zum Teil als Landeserziehungsheim.

Stampflschloß (Megling) Lit. Nr.: 8, 25, 28, 62

Vermutlich ein Wachtturm der weiter gegen Norden gelegenen, nur noch durch Gräben und Wälle erkennbaren Stammburg der Grafen von Frontenhausen-Megling. Das Stampflschloß steht auf steiler Höhe nahe dem Kloster Au am Inn, es ist 886 erstmals urkundlich erwähnt. Der kleine zweigeschossige, turmartige Bau entstand in romanischer Zeit, das steile Schopfwalmdach betont den herben Charakter des Wohn-Wehrbaus, der, in jüngster Zeit renoviert, nun als Schloßhotel genutzt wird. – Sagenhaft ist berichtet, daß Marquart von Marquartstein Adelheid, die Tochter Kunos von Frontenhausen entführte (s. Marquartstein S. 251). Die verwitwete Gräfin heiratete in zweiter Ehe Udalrich von Pütten und nach kurzem Klosteraufenthalt in dritter Ehe den Grafen Berengar von Sulzbach; sie stiftete das Kloster Baumburg als Einlösung eines ihrem ersten Mann gegebenen Versprechens.

Mit seinen hohen Staffelgiebeln beherrscht in Wasserburg das Schloß das Stadtbild am Innufer.

Das Stampfelschloß, die alte Burg Megling war wohl ein Wachtturm.

Wasserburg Lit. Nr.: 7, 8, 12, 25, 31, 36, 38, 62

In seltener Vollkommenheit hat die Natur selbst durch die Schlingenführung des Innflusses einen sicheren Ort geschaffen, bei dem den Menschen nichts mehr zu tun übrig blieb, als an der schmalsten Stelle des Höhenrückens einen Riegel zu bilden. Man nimmt an, daß bei Verlegung des Sitzes der Hallgrafen von der Lintburg in die Wasserburg 1137 der Wehrbau begründet oder ein möglicherweise schon bestehender ausgebaut und verstärkt wurde. Im Kampf um die Kontrolle des Salzhandels unterlag Graf Konrad von Wasserburg 1247 dem Wittelsbacher Herzog Otto II. und verlor Burg und Stadt, auch die ganze Grafschaft nach langer, endlich erfolgreicher Belagerung seiner Burg. Die neuen Herren mehrten den Bestand, 1465 entstand die Schloßkapelle, 1475 errichtete man dazu einen Turm, als Baumeister wird Jörg Tünzel genannt. Den Palas ließ Herzog Wilhelm IV. 1537 vielleicht durch den Münchner Hofbaumeister Leonhard Haller oder Heinrich Schöttl erbauen, 1526 war der Zehentstadel aufgerichtet. Seit 1870 gab es Veränderungen, der Bergfried wurde abgebrochen. Vom hohen jenseitigen Ufer des Inn überblickt man Stadt und Schloß, dessen hohe Staffelgiebel Schutzschilden gleich über der Masse der dichtgedrängten Bürgerhäuser aufragen. Das Schloß, ein dreigeschossiger spätgotischer Bau, hat ein gewölbtes Fletz und im ersten Obergeschoß einen großen Saal mit drei Bögen auf Rotmarmorsäulen, im zweiten Obergeschoß ein Netzrippengewölbe im Flur.

Farnach Lit. Nr.: 4, 12

Der Sitz eines Ministerialengeschlechts aus dem 12. Jahrhundert wurde 1475 in ein Burgschloß verwandelt, dessen Besitzer zu dieser Zeit der herzogliche Landrichter Ludwig Hofmann war. Der bestehende Schloßbau — um 1700 begonnen — ist das Ergebnis mehrerer Veränderungen im 18., 19. und 20. Jahrhundert.

Hademarsberg – Hartmannsberg Lit. Nr.: 4, 25, 33

Anlaß zur Errichtung eines Wehrbaues am Langenbürgener See gab vermutlich eine Straßenverlegung zur besseren Beherrschung des Handels zwischen den Seen in Ost-West-Richtung. Die in der Nähe des Schlosses Hartmannsberg gelegenen Burgställe Zickenburg, auch Schicklisberg genannt, und Zinnenburg bildeten wohl unter dem Namen „Hademarsperch" die im Kodex Falkensteinensis genannte Anlage als besitzrechtliche Einheit.
Die Burg der Falkensteiner, von der keine aufgehenden Mauern erhalten sind, war eine Wasserburg aus zwei auf benachbarten Inseln gelegenen Teilen, die vermutlich ein Steg ver-

band. Die Darstellung im Kodex Falkensteinensis gibt einen Begriff vom Bestand im 13. Jahrhundert. Hier ist die Insellage der Burg durch den von Fischen wimmelnden Wellenkranz deutlich gemacht. Als zentrales Bauwerk ist der Palas dargestellt, dessen in Arkaden zu beiden Seiten des Tores aufgelöste, symmetrische Fassade dem Künstler als am bemerkenswertesten und gerade für diesen Bau als bezeichnend erschien. Dagegen sind die Seitenwände, zeichnerisch in die Front gerückt, nur mit schmucklosen Fenstern oder Scharten in mehreren Geschossen angedeutet. Die Fugenteilung charakterisiert den Quaderbau, das zinnengekrönte Oberteil des Bildes könnte als Ringmauer zwischen Ecktürmen gedacht sein, da nach der Auffassung der Zeit Bauteile unterschiedlicher Bedeutung kombiniert erscheinen können.
Wie erwähnt, lagen die Burgställe auf Inseln im Langbürgener See, die an der engsten Stelle nur ca. 20 m voneinander entfernt waren, auf der nördlichen Insel der größere Burgstall, die Zickenburg, südlich die Zinnenburg. Die Zickenburg ist als viereckiger, fast quadratischer Wall mit einem Ringgraben von 8 bis 9 m Breite zu erkennen. In dem vom Wall umschlossenen Hof von ca. 40×55 m sind Gruben in den nordöstlichen und südöstlichen Ecken, die wohl die Lage von Gebäuden andeuten. Wahrscheinlich handelt es sich bei diesen Spuren um den im Codex dargestellten Palasbau. Die Zinnenburg war wohl ein Turmhügel, eine künstlich erhöhte, kegelförmige Erhebung mit zwei Stufen am Hang, die, mit Hecken (Gebück) oder Palisaden besetzt, als Annäherungshindernis dienten. Auf dem Hügel stand wohl ein schlichter Turm als Warte.
Am 11. 6. 1160 fand die Weihe der Burgkapelle in der zentralen Burg statt, die zu dieser Zeit als Lehen des Bischofs von Trient im Besitz des Grafen Siboto von Neuburg-Falkenstein war. 1158 verlieh ihm Erzbischof Eberhard I. von Salzburg die Vogtei über das Chorherrenstift Herrenchiemsee. Nach Belagerung und Erstürmung seiner Burg Hademarsberg durch Herzog Ottos Sohn Ludwig, verlor Graf Siboto Burg und Vogtei, die seit 1256 endgültig wittelsbachisch blieben. Her-

zog Stephan von Bayern vertauschte 1394 Veste und Behausung Hadmarsperg mit Burgstall Schicklisperg und Vogtei über das Kloster Herrenchiemsee an Ritter Otten von Pienzenau gegen Veste und Behausung Reichersbeuern und den Burgstall Hoheneck bei Tölz. Hademarsberg blieb bis 1766 Besitz der Pienzenauer, die vielleicht das von Wening dargestellte Schloß erbauten. Es folgten 1781—1822 Carl Frhr. von Cronegg, 1839 Frhr. Maximilian von Crailsheim auf Amerang, dann die Hofmarkswirtin Franziska Beer, die hier ein Gasthaus eröffnete, welches dann in einen Neubau an der Straße verlegt wurde. Das Schloß ist seither in Privatbesitz.

Falkenstein Lit. Nr.: 2, 4, 6, 7, 8, 12, 25, 27, 38, 62

Die bei Brannenburg am Inn über einer wichtigen Queralpenstraße gelegene Burg wurde um 1300 als Nachfolgerin einer höher gelegenen, älteren Burg der Grafen von Neuburg aus der ersten Hälfte des 12. Jahrhunderts gegründet. Nach dem alten Sitz nannte sich das mächtige Grafengeschlecht von Neuburg-Falkenstein. Unter Graf Siboto IV. († 1191) stand das Geschlecht am Höhepunkt von Macht und Besitz (zur Genealogie vgl. Lit. Nr.: 44, S. 73). Letztwillige Verfügungen des Grafen Siboto waren um 1165—1193 im Codex Falkensteinensis, einer Pergamenthandschrift, niedergelegt, die das einzige überlieferte Traditionsbuch einer weltlichen Herrschaft enthält. Die Angaben des Kodex betreffen den Besitz Sibotos III. in Oberbayern, Tirol und Niederösterreich. Ferner sind in den Urkunden Notizen über Besitzverhältnisse und Familienereignisse aufgezeichnet. Was jedoch neben den wirtschaftlichen Belangen seinen besonderen Wert ausmacht, sind die Illustrationen des Kodex, Darstellungen von Burgen, Portraits und Details. Der Niedergang des Geschlechts begann bereits in der Generation der Enkel Sibotos. Graf Siboto V. wurde bei seiner Burg Neuburg gefangengenommen, nach Burghausen gebracht, wo er 1249 in der Haft starb. Nach Wiguläus Hundt wurde Siboto VI. 1272 bei seiner Stammburg an der Mangfall von seinem Lehnsmann Otto von Prantberg im Bad erstochen, mit ihm ist das Grafengeschlecht ausgestorben. Die ledige Grafschaft wurde 1245 von den Wittelsbachern eingezogen, gleichzeitig fiel auch die Vogtei über das Kloster Herrenchiemsee als Lehen des Salzburger Bischofs an den Herzog von Bayern. Die Trientiner Lehen der Falkensteiner hatte sich der Herzog bereits zuvor gesichert, im Fall der niederösterreichischen Güter hatte er weniger Erfolg.

Die Darstellung der Burg Falkenstein im Kodex zeigt die alte Burg auf der Rachelwand, eine Turmburg mit Wehrgang und Zinnen, Quadermauerwerk und gekoppelten Rundbogenfenstern. Das in einer anderen Ansichtsebene stehende Tor ist unbekümmert seitlich angefügt. Der zweite dargestellte Bau, durch einen Giebel mit Giebelzier charakterisiert, stellt die Kapelle St. Ägidius und Leonhard dar. Zwischen beiden Gebäuden nisten Falken auf Bäumen, die Schollensignatur bezeichneten den felsigen Grund. Die Gründungsanlage in beträchtlicher Höhe über der erhaltenen Ruine im Tal, wurde unter Graf Siboto III. im Krieg zwischen König Adolf von Nassau und Albrecht von Habsburg 1247 von Ritter Meingoz von Surberg erstürmt und zerstört. Der Burgplatz war etwa 70 m lang und 65 m breit, nach dem Inventar gab es in der Burg 20 Spieße zum Bärenfang, 10 Federbetten, 2 Wurfzabel (Würfel), 2 Schachzabel (Spiele), 15 Panzer und 8 eiserne Beinschienen, 12 eiserne Stiefel und 4 Helme. Im Jahre 1700 sah man noch Mauerreste.

Die noch bestehende Burgruine Falkenstein bei Flintsbach wurde um 1300 als herzoglicher Gerichtssitz neu erbaut. Nach der Darstellung von Michael Wening bestand die Burg aus zwei Teilen, einer höher gelegenen Kernburg mit dem Bergfried an der Bergseite, dem Palas an der Talseite und der Ringmauer mit schwachen Rundtürmen sowie einer Vorburg mit Wirtschaftsgebäuden. Zur Hauptburg gelangte man durch einen seitlich der Vorburg angelegten Zwinger.

Der Bergfried der sonst zerstörten Burg Falkenstein ist noch bewohnt.

Im Falkensteiner Kodex erscheinen die Burgen Hademarsberg und Alt-Falkenstein als Illustrationen mit Bauschmuck an den Fassaden.

Durch Verkauf Herzog Albrechts IV. kamen Burg und Gericht 1501 an die Kinder des Schwazer Bergwerksunternehmers Vigil Hofer, von denen es Wolf Hofer auf Urfarn und Wildenwart zum Alleinbesitz brachte. Von diesem kaufte Herzog Wilhelm IV. 1531 Falkenstein zurück um dann Burg und Gericht 1556 an Georg Hundt von Lauterbach weiterzuverkaufen. Die Herren von Hundt ließen in der zweiten Hälfte des 16. Jahrhunderts den Palas ausbauen und den Hof durch Anfügung von Arkadengängen mit Marmorsäulen im Stil der Renaissance verwandeln. Die verschuldeten Erben Hundts mußten die Herrschaft 1642 an Hans Christoph Frhrn. von Ruepp verkaufen, dessen Sohn Maximilian Franz in den Reichsgrafenstand erhoben wurde. Hanns Christoph Frhr. von Ruepp stellte die wohl an der Nordseite des Hofes gelegene Kapelle Maria-Schnee wieder her. Nach dem Aussterben dieser Familie kaufte Max V. Graf Preysing-Hohenaschau 1768 Falkenstein, der die Herrschaft mit der Hofmark Brannenburg vereinigte und den Gerichtssitz nach Brannenburg verlegte. 1784 zerstörte ein Brand die Burg. Es verblieb eine

Als Wächter am Hochufer des Inntales steht die Ruine der Burg Kirnstein auf einer Bergzunge mit guter Fernsicht.

Ruine, von der nur der Bergfried mit Zinnenkranz erhalten ist. Erhalten sind auch die äußere Ringmauer und Reste der Gebäude auf der Vorburg aus dem 15. und 16. Jahrhundert. Der Bergfried wurde zu Wohnzwecken ausgebaut, gut im Gelände von fern sichtbar, erinnert er als letzter Zeuge an das mächtige Geschlecht, dessen Name er trägt.

Kirnstein Lit. Nr.: 2, 8, 25, 27, 39, 62

Als Vorposten der Burg Falkenstein und Verbindungsglied zwischen den Hauptburgen Falkenstein und Auerburg steht zur Sicherung der Straße auf vorgeschobenem Felskegel im Inntal die von den Falkensteinern im 12. Jahrhundert erbaute Burg, eine Turmburg, wie solche in den Alpenländern an Straßen und Pässen erbaut wurden. Seit 1247 ist die Burg wittels-

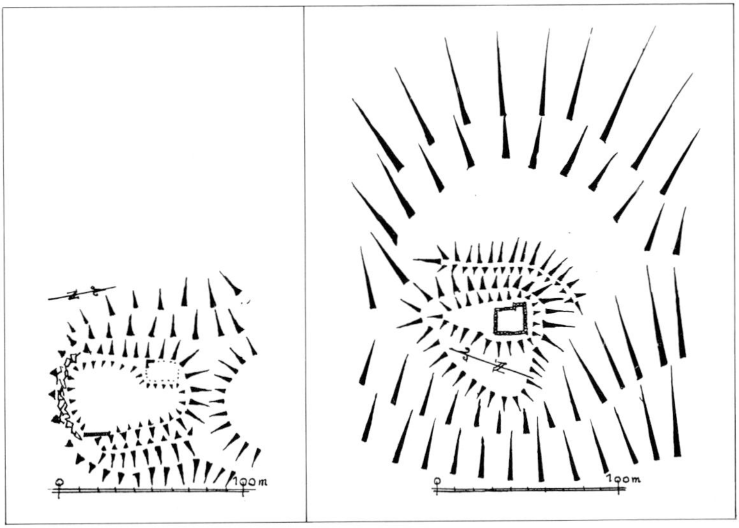

Planskizzen der Auerburg und der Burg Kirnstein.

bachisch, es folgten im Besitz im 14. Jahrhundert die Preysing zu Wolnzach, 1400 Seitz Laiminger, 1405 die Herzöge von Bayern-Ingolstadt. Im Streit der Herzöge von Ingolstadt und Landshut abgebrannt, erfolgten der Wiederaufbau und die Vergabe als Lehen an Erasmus Waltenhofer. Endgültig zerstört wurde die kleine Burg im Baierischen Krieg 1504, seither verfällt die nur aus den Umfassungsmauern bestehende Ruine im Walde. Sie steht auf einem Abhang des Wildbarren über einer flachen Terrasse etwas erhöht. Ein fast quadratischer Bau von 16×18 m Seitenlänge mit einem leichten Vorsprung an der Südostecke, der wohl den Zugang schützte. Das Mauerwerk besteht aus Bruchsteinen mit Eckquadern, nach Osten liegt auf tieferem Niveau, durch Wall und Graben abgetrennt, eine Terrasse, auf der wohl die Vorburg stand. 1585 ist die Ruine von Wiguläus Hundt als „zerprochenes Schloß" bezeichnet.

Höhenrain Lit. Nr.: 12, 25

Kleinhöhenrain: Mittelalterliche Burg, zur Kirche verwandelt, im 18. Jahrhundert umgebaut und erweitert.
Großhöhenrain: In Urkunden sind 1133 Eberhard und Rudolf Ritter von Höhenrain genannt, letzterer als Dienstmann der Grafen von Andechs. Das Geschlecht starb mit Zacharias von Höhenrain († 1438) und Georg († 1487) aus. Die Burg fiel an Ritter Kaspar Sachsenkam, Pfleger zu Tölz. Nach häufigem Besitzwechsel kam sie 1536 an Florian Baumgartner, der, zum Tode verurteilt, nach Ungarn floh und im Kampf gegen die Türken fiel. Herzog Ludwig IV. gab die eingezogene Burg 1544 an die Familie der Taufkirchner, die die inzwischen zum Schloß verwandelte Burg bis 1688 besaßen. Bei Wening ist der Bau bereits als „uraltes Gebäu“ genannt. Im Besitz folgte Graf Khuen von Belasy, dann Graf Arco-Zinneberg. Instandsetzung und Umbau nach dem Ersten Weltkrieg zum Kinderheim.

Wildenwart Lit. Nr.: 4, 12, 25

Die Herren von Wildenwart sind seit 1165 in Urkunden genannt. 1363 ist das Geschlecht ausgestorben, worauf die Burg an Ritter Ortlieb den Aschauer kam, der auf Hirnsberg am Simssee saß. Nach Zerstörung von Hirnsberg durch Herzog Stephan, erkannten die Aschauer auf Hirnsberg die bayerische Lehenshoheit an. Der Letzte des Geschlechts starb 1420. Herzog Ludwig von Landshut zog die Burg ein, sie kam 1501 durch Kauf an Wolf Hofer von Schwaz, 1541 an Pankraz von Freyberg und 1606 durch Heirat an Herrn von Schurff auf Mariastein. Zu dieser Zeit erfolgte wohl der Schloßbau unter Verwendung mittelalterlicher Reste. 1771 war Johann Maximilian Graf von Preysing-Hohenaschau hier Schloßbesitzer, 1848 kam der Besitz an Herzogin Adelgunde von Modena. Die quadratische Vierflügelanlage mit einem Turm umschließt einen kleinen Hof, dem an einer Seite Säulenarkaden angefügt sind.

Auf dem Plateau der Auerburg ragt noch ein Mauerstück auf.

Auerburg Lit. Nr.: 2, 4, 6, 12, 25, 27

Die Auerburg auf einem ins Inntal vorgeschobenen, hohen Felskegel wird um 1180 erstmals urkundlich genannt. Es war eine Burg der Grafen von Falkenstein, die 1247 mit dem zugehörigen Gericht an die Herzöge von Bayern kam. Seither saßen hier herzogliche bzw. kurfürstliche Pfleger. 1492 bis 1495 erfolgte eine durchgreifende Erneuerung und Anpassung an die gewandelte Kriegstechnik, was jedoch nicht verhindern konnte, daß die Burg nach Beschießung durch die Österreicher am 4. Mai 1743 im Österreichischen Erbfolgekrieg erstürmt und verbrannt wurde. Vollends wurden die Reste durch die Friedensbedingungen von Füssen gesprengt und eingeebnet.

Die Burg, wie sie um 1700 bei Wening dargestellt ist, hatte zu dieser Zeit keinen Bergfried. Die Ringmauer mit Zinnen umschloß ein rechteckiges Areal, in welchem der Palas im Nordwesten lag und an der Nordwestecke ein Turm mit Satteldach stand. Das Tor an der Nordseite schützten ein Torturm und ein Zwinger. Erhalten ist lediglich ein ca. 12 m langes Mauerstück von der östlichen Ringmauer.

Hohenburg Lit. Nr.: 25, 36, 60

Die Burg am Inn nördlich von Wasserburg wurde wohl von den Grafen von Megling-Frontenhausen erbaut, von denen sie an das Hochstift Regensburg kam. Die Schweden zerstörten die Burg im 30jährigen Krieg, sie wurde jedoch wiederhergestellt, um dann im 19. Jahrhundert endgültig abgetragen zu werden, so daß 1971 keine sichtbaren Reste mehr vorhanden waren. Geringe Mauerteile aus dem 14./15. Jahrhundert mögen in zwei Häuschen verbaut sein.

Kling Lit. Nr.: 6, 8, 36, 62

Als Erbauer zu Beginn des 12. Jahrhunderts gelten die Grafen von Wasserburg, seit 1259 war die Burg Besitz der Wittelsbacher. 1543 erfolgte der Umbau zum Wasserschloß, das Michael Wening 1721 im Band Rentamt Burghausen seiner Historico-Topographica Descriptio anschaulich darstellte. Demnach lag die Burg auf einem Höhenrücken, der gegen Osten, Süden und Westen abfällt. Gegen Norden trennte ein Halsgraben den Burgbereich vom davor liegenden Gelände. Von der Ruine einer einst stattlichen Burg sind südöstlich bei Tötzham nur noch geringe Reste sichtbar. So gegen Osten und Süden Stützmauern aus Bruchstein. In zwei Bauernhäusern mit Stichkappengewölben des 16. Jahrhunderts, stecken wohl Reste aufgehenden Mauerwerks. Zwischen den Häusern befindet sich noch der Burgbrunnen.

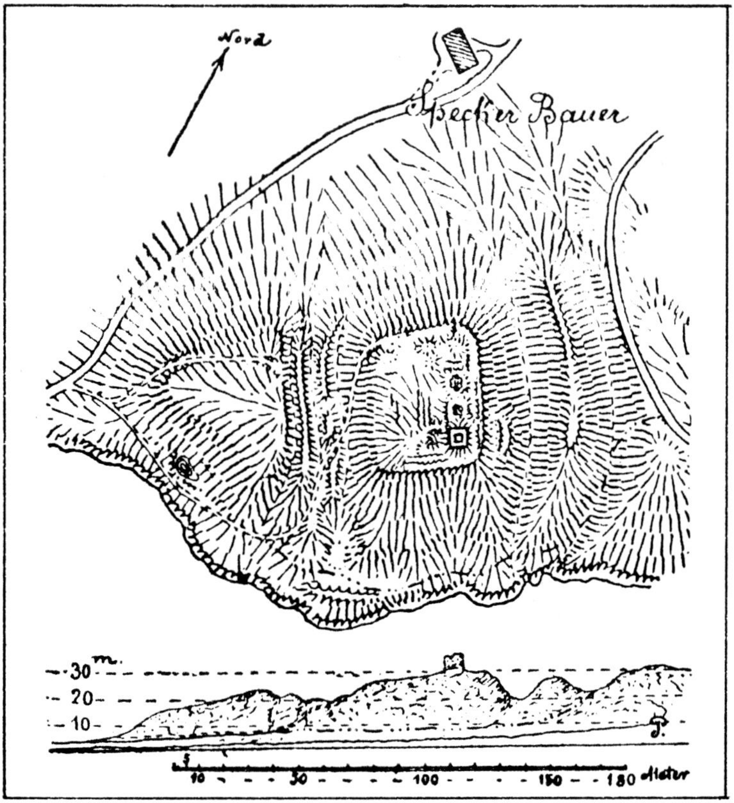

Planskizze des Speckerturmes nach K. Popp, in Obb.Arch. 1895/96.

Speckerturm Lit. Nr.: 4, 12, 27, 36, 46, 62

Der Turm hat seinen Namen vom benachbarten Hof „beim Specker“. Bei den Resten der kleinen mittelalterlichen Burg handelt es sich wohl um eine Nebenburg von Hirnsberg aus dem 12. Jahrhundert. Auf dem Plateau von 40×50 m mit erhöhtem Rand, steht die Ruine eines quadratischen Wohnturmes von 25 m Seitenlänge. Das noch bis $7^{1}/_{2}$ m anstehende Mauerwerk aus Bruchsteinen und Bachkieseln steht auf einem

Sockel aus großen Kalksteinquadern. Gruben und Furchen auf dem Plateau lassen den ehemaligen Bestand von Nebengebäuden vermuten.

Vachendorf Lit. Nr.: 4

An der Straße von Hemhof nach Bernau bei Vachendorf steht ein Turmrest, bei dem es sich wohl um eine Straßenwarte der Burg Wildenwart handelt.

Albaching Lit. Nr.: 32

Ein Turmhügel liegt ca. 125 m südöstlich der Kirche Albaching.

Alter Hof / Hirnsberg Lit. Nr.: 4, 12, 36

Der Burgstall, der ca. 500 m ostsüdöstlich der Kirche Hirnsberg liegt, bezeichnet wohl den Platz der ehemaligen Burg Hirnsberg auf dem Wirtsberg. Um 1100 ist die Burg erstmals genannt. Die Hirnsberger, Lehnsleute der Grafen von Neuburg-Falkenstein, wohl aus einer Nebenlinie stammend, gründeten 1165—1170 die Burg Hohenaschau, nach der sie sich Aschauer nannten. Der Umzug erfolgte vermutlich im Zusammenhang mit der Übertragung der Vogtei über das Kloster Herrenchiemsee und Salzburger Güter an die Grafen von Falkenstein.
Auf Hirnsberg saßen seit der 2. Hälfte des 13. Jahrhunderts Aschauer der sog. äußeren Linie. 1378 brach Herzog Stephan von Bayern die Burg Hirnsberg, derzeit Sitz des Ritters Wolfgang von Aschau. Danach wurde die Burg nicht mehr aufgebaut, sie diente den Bewohnern des Umlandes als Steinbruch. Der Platz ist nun nur noch an Resten der Umwallung zu erkennen.

Althaus / Altenbeuern Lit. Nr.: 4, 12, 27, 36, 62

Die spärlichen Reste der ca. 1 km östlich von Altenbeuern oberhalb von Pinswang auf der Höhe des steil abfallenden Dandlberges gelegene Burg Althaus können nur noch als Burgstall gelten. Die 1319 „purch ze Altenpäwren" und 1348 „Vest ze Altenpäuren" genannte Burg Altenbeuern-Althaus, Vorgängerin der Burg Neubeuern, hatte wie diese den gleichen Besitzer, nämliich das Domstift Regensburg. Unter den seit der 2. Hälfte des 14. Jahrhunderts wechselnden Besitzern sind 1353—1364 Eglof von Wart, 1364—1377 Albrecht und Hans von Closen, 1379 bis um 1400 Herzog Georg von Bayern zu nennen. Um 1400 kaufte Hans Stettner die Burg, sein Urenkel, Simon Stettner von Altenbeuern, starb 1541 als letzter seines Geschlechts. Als Heiratsgut und durch Verkauf war die Burg Althaus später Besitz von Nikodemus von Wemding, Alexander von Freyberg-Hohenaschau und 1574 des Hans Kaspar von Pienzenau auf Brannenburg. Ein durch Blitzschlag verursachter Brand zerstörte die Burg, die man anschließend dem Verfall überließ.

Altofing / Gschlössl Lit. Nr.: 32

Der Turmhügel steht ca. 550 m ostsüdöstlich der Kapelle Altofing.

Antwort Lit. Nr.: 4, 25

Der Burgstall, am gleichnamigen Ort zwischen dem Simssee und dem Chiemsee gelegen, war vom 12. bis zum 15. Jahrhundert Sitz eines Edelgeschlechts gleichen Namens, das mit Pauls Antwurter zu Antwurt um 1476 ausstarb. Nach 1540 bestand der Sitz nur noch als Bauernanwesen.

Bad Aibling Lit. Nr.: 6, 36

Ein Burgstall am Platze des fränkischen, vielleicht bereits agilolfingischen Königshofs, der nur durch Wälle und Graben markiert ist. Die als Eigenkirche der Salzburger Bischöfe erbaute Hofkapelle ist 927 bezeugt, Vögte waren in späterer Zeit die Grafen von Neuburg-Falkenstein. Die hier in der Nachfolge entstandene Burg ist völlig verschwunden. In Aibling waren Adelssitze der Wiederspacher und Steurer.

Berghamer Leiten Lit. Nr.: 35, 62

Ein Sitz der Herren von Haunpold, denen die Holnstainer, die mit Hans Holnstainer 1483 ausstarben, folgten. Der halbovale Platz am Hang zur Mangfall ist von einem Doppelwall und Graben umgeben, einen seitlich anliegenden Abschnitt begrenzt ein Wall. Mauerreste sind nicht erhalten, Hochäcker vor der Burg dienten der Versorgung der Burgbewohner.

Brannenburg Lit. Nr.: 6, 25, 36

Von der Burg, die im 12. Jahrhundert Sitz von Ministerialen der Grafen von Falkenstein, der Herren von Prantenberg war, sind keine Reste erhalten. Seit 1242 war sie Besitz der bayerischen Herzöge, auf der bis zur 1. Hälfte des 14. Jahrhunderts Pfleger saßen. 1506 erhielt Kaspar Winzerer, der „Goldene Ritter", von Herzog Albrecht IV. die Burg und Hofmarksgerechtigkeit. Es folgten 1554 Hans Caspar von Pienzenau und als Erbe Wolf Dietrich Hundt zu Falkenstein. In dieser Periode dürfte das bestehende, 1872 weitgehend veränderte Schloß auf einer nahe gelegenen, anderen Stelle erbaut sein.

Fischbach / Erl-, Heiden- oder Römerturm Lit. Nr.: 25

Ein Wohnturm stand südwestlich von Fischbach am Fuße des Ganzhornes, Spuren einer Ringmauer waren noch sichtbar.

Flintsbach Lit. Nr.: 32

Ein Burgstall, ca. 525 m nördlich der Kapelle Falkenstein und ca. 400 m nordnordwestlich der Kirche Petersberg gelegen.

Forchtenegg Lit. Nr.: 4, 12

Gründung einer Burg der Herren von Laiming im 14. Jahrhundert. An die Stelle trat im 18. Jahrhundert ein Schloß, das im 19. Jahrhundert abbrannte.

Götting / Stiegelburg Lit. Nr.: 32

Ca. 725 m südwestlich des Ortes Unterstandhausen liegt ein Burgstall.

Hirnsberg s. Alter Hof s. S. 229

Hochstatt Lit. Nr.: 32

Der Burgstall, liegt ca. 725 m südsüdwestlich der Kapelle Ranft im Gerhardinger Holz.

Holzhausen Lit. Nr.: 32

Ein Burgstall ca. 500 m südwestlich der Kapelle Holzhausen im Muinholz gelegen.

Königswart Lit. Nr.: 27, 32

Die Ritter auf Königswart, einer Burg des 12. Jahrhunderts am Inn, sollen den Fluß mit Ketten gesperrt haben, um Kaufmannsschiffe auszurauben. Letzte Reste der Anlage wurden im 19. Jahrhundert abgetragen, in einer Kapelle von 1855 verwendete Kapitelle könnten vom Palas der Burg stammen.

Laiming Lit. Nr.: 36

Die Burg der Laiminger kam 1347 an das Kloster Altenhohenau.

Lintburg Lit. Nr.: 3, 25, 32, 62

Die Burg war die Stammburg der Grafen Attel. Hallgraf Engelbert überließ 1137 seine Burg den Benediktinern und wählte als neuen Sitz die Wasserburg am Zugang der Siedlung in der Innschleife. Der Burgstall Attel liegt ca. 1000 m nordnordöstlich des Klosters Attel, einer Gründung des Grafen Arnold von Diessen-Andechs 1038.

Mooseck Lit. Nr.: 36, 62

Ein eigener Adel saß 1388—1429 auf der Wasserburg, die im 18. Jahrhundert in Verfall geriet.

Neuburg / Nuinburg Lit. Nr.: 23, 25, 32, 33, 43, 62

Der Burgstall bei Vagen an der Mangfall, ca. 1000 m südsüdöstlich der Kirche Vagen im Hochholz, war die Stammburg des mächtigen Geschlechts der Grafen von Neuburg, die sich zu Beginn des 12. Jahrhunderts nach einer zweiten Burg im Inntal auch von Falkenstein nannten. Als Stammvater der Grafen von Neuburg-Falkenstein nennt Wiguläus Hundt Graf Botho (= Patto von Dilching, Vogt von Tegernsee) um 1040. Elisabeth Noichel gibt als Vorfahren der Grafen von Neuburg-Falkenstein väterlicherseits die Familie Weyarn-Neuburg und mütterlicherseits die Familie Falkenstein-Hunstein an, die letztlich in Siboto IV. vereinigt als mächtiges Grafengeschlecht über den Streubesitz zahlreicher Güter in Oberbayern und Österreich herrschten. Das Geschlecht besaß die Burgen Neuburg bei Vagen an der Mangfall, Hademarsberg und Antwort am Chiemsee, Falkenstein im Inntal und Herantstein in Österreich. 1158 wurde Siboto IV. die Vogtei über das Klo-

Als Burg mit reichem Fassadenschmuck ist die Nuinburg nach der Darstellung im Falkensteiner Kodex ein gutes Beispiel ritterlicher Profanarchitektur, wie sie im 12. Jahrhundert üblich war.

ster Herrenchiemsee übertragen. Wiguläus Hundt berichtet, daß Graf Siboto VI., letzter Graf von Neuburg-Falkenstein, bei seiner Burg Neuburg von seinem Lehnsmann Otto von Prantberg erstochen wurde. Nur Gräben bezeichnen den Ort.

Eine Ahnung der ursprünglichen Erscheinung vermittelt nur die Darstellung in der Falkensteiner Kodex aus der Mitte des 12. Jahrhunderts. Hier hat der Künstler, dem die Perspektive fremd war, verschiedene Bauteile der Burg nach der von ihm zugemessenen Wichtigkeit zu einem Bildkomplex verschmolzen. Einzelheiten können als Palasfassade mit gekoppelten Fenstern, Torbau, Ringmauer aus Buckelquadern und den Bergfried gedeutet werden. Der felsige Untergrund ist durch die Signatur Scholle charakterisiert. Die Auskragung über der Palasfront kann auch ein Neben- oder Hintereinander von Bauteilen bedeuten, möglicherweise ist damit ein hölzerner Wehrgang angedeutet. Mit Sicherheit vermittelt die Darstellung die Gewißheit, daß Burggebäude einer künstlerischen Gestaltung nicht entbehrten.

Niederaschau / Burghölzl Lit. Nr.: 11, 32, 62

Die verschwundene Burg, wohl ein Turmhügel, lag 220 m nordwestlich der Kirche Niederaschau.

Nußdorf Lit. Nr.: 32

Ein Turmhügel steht ca. 900 m nordöstlich der Kirche Nußdorf. Möglicherweise handelt es sich hier um die Burg Klammenstein.

Pfaffing Lit. Nr.: 32

Ein Burgstall liegt ca. 375 m westlich der Kirche Unterübermoos im Lederholz.

Ramerberg Lit. Nr.: 32

Ca. 1500 m südlich der Kirche Ramerberg befindet sich ein Burgstall.

Die Burg Rosenheim stand auf dem Schloßberg am jenseitigen Ufer des Inn.

Ramsau Lit. Nr.: 36, 62

Die gänzlich verschwundene Burg der Herren von Nußdorf ist im 12. Jahrhundert genannt.

Ranft / Bürgl-Birkl Lit. Nr.: 32

Ein Burgstall liegt ca. 550 m nördlich der Kapelle Ranft, südlich von Rott am Inn.

Rosenheim Lit. Nr.: 6, 8, 36, 51

„Castrum Rosenheym" ist 1237 erstmals genannt und war zu dieser Zeit Sitz eines gleichnamigen Ministerialengeschlechts der Grafen von Wasserburg. Mit der Eroberung Wasserburgs 1247 durch Herzog Otto II. von Bayern fiel auch die Burg Rosenheim an die Wittelsbacher. Hinfort wohnten hier herzogliche bzw. kurfürstliche Pfleger, Verwalter des Pfleggerichts Rosenheim. Schäden erlitt die Burg im Krieg der bayerischen Vettern zur Zeit Herzog Ludwigs des Gebarteten 1425, ebenso brachte der Bayerische Krieg oder Landshuter Erbfolgekrieg Verwüstung. Man beseitigte die Schäden jeweils, doch war der Verfall des mittelalterlichen Bauwerks nicht mehr aufzuhalten, so daß es zu Beginn des 18. Jahrhunderts bereits Teilruine war. Erneut erlitt der Bau Kriegsschäden durch Beschuß der Österreicher im Österreichischen Erbfolgekrieg 1743, nach den Friedensbedingungen mußte der Bau 1745 gesprengt und geschleift werden, letzte Reste beseitigte man am Anfang des 19. Jahrhunderts. Auf Stichen von Merian und Wening wird deutlich, daß die auf einem Hügel gelegene Burg zur Überwachung der Innbrücke und der Straße nach Salzburg bestimmt war. Einen Bergfried gab es nach diesen Darstellungen nicht in der Burg, deren Bering unregelmäßig polygonal war. Wie in vielen anderen Fällen war der Bestand im Laufe der Jahrhunderte den Erfordernissen entsprechend oft verändert worden. Verblieben ist immerhin der respektable Burghügel unmittelbar an der Straße.

St. Christoph Lit. Nr.: 36

Burgstall Traunberg, ehemals eine Wasserburg bei Maierhof.

Schlicht Lit. Nr.: 32

Ein Burgstall befindet sich ca. 2125 m südöstlich der Kirche von Soyen, ein zweiter liegt ca. 250—500 m nördlich Königswart.

Söllhuben Lit. Nr.: 36, 62

Um 1200 eine Burg der Aschauer, denen die Mautner, die von Freyberg und von Preysing folgten. Die Burg verfiel im 17. Jahrhundert.

Urfahrn Lit. Nr.: 12, 25, 62

Die ehemalige Wasserburg lag südöstlich bei Niederaudorf, Stammburg der Ritter von Urfahrn, die das Recht der Überfahrt über den Inn beanspruchten. Zu Beginn des 16. Jahrhunderts saß hier Wolf Hofer auf Urfahrn und Wildenwart. Von dem 1427 erbauten siebengeschossigen Wohnturm sind drei Stockwerke erhalten.

Vagen / Kraxlberg Lit. Nr.: 32

Burgstall auf dem Gschlößlberg.

Warnbach / Griesstätt Lit. Nr.: 32

Der Burgstall liegt ca. 500 m südwestlich der Kapelle von Holzhausen im Muinholz.

Wasserburg / Burgstatt Lit. Nr.: 32

Auf dem Platze, ca. 500 m südlich vom Südende der Innbrücke bei Wasserburg, liegt ein Burgstall.

Zinnenburg / Zickenburg Lit. Nr.: 25, 46

Die Burgställe der 1247 zerstörten Burgen, die mit Hademarsberg in Zusammenhang standen, liegen ca. 575 m südöstlich des Schlosses. Hademarsberg S. 217.

Schloß Garatshausen, typischer Renaissancebau, ersetzte eine Wasserburg.

Landkreis Starnberg

Garatshausen Lit. Nr.: 38

Das turmartige Burgschloß am Ufer des Starnberger Sees mit vier, die Wehrhaftigkeit betonenden Eckrundtürmen, erhielt seine Gestalt um 1550. Bereits 808 ist der Ort in einer Schenkungsurkunde der Frau Heriswindis an das Kloster Benediktbeuern erwähnt. Ein eigener Adel, der den Vorgängerbau bewohnte, starb im 15. Jahrhundert aus. Seit 1456 Besitz des Hans Weiler, Caspar Weiler war der Bauherr des bestehenden

Burg Seefeld, einst Wehrbau mit einem Bergfried, verlor durch Anbauten seine ursprüngliche Erscheinung.

Bauwerks. Im Besitz folgten mehrere Adelsfamilien, zuletzt die Fürsten Thurn und Taxis bis zur Gegenwart. Im jüngeren Schloßbau mit modernen Erweiterungen ist das Kreisaltenheim des Landkreises Starnberg untergebracht.

Seefeld Lit. Nr.: 8, 12, 27, 36, 37, 38, 62

Wie kaum ein Schloß im Vierseenland hat Seefeld das Aussehen einer mittelalterlichen Burg bewahrt. Auf einem gegen den Pilsensee vorstoßenden Geländesporn, der duch die Schlucht des Höllgrabens vom Gelände abgetrennt ist, türmt sich die oftmals veränderte Baugruppe. Um 1150 wird ein eigener Adel genannt, es folgen die Gundolfing, seit 1472 ist der Sitz in der Hand der Familie Törring-Seefeld.
Über eine Brücke, die die Schlucht überspannt, gelangt man durch das reizende Torhaus von 1732 mit seinen von Wappenkartuschen geschmückten, geschwungenen Giebeln in die

Vorburg mit barocken Wirtschaftsgebäuden. Ein zweiter, künstlich angelegter Graben schützte die Hauptburg, an deren Zugang der im Kern aus dem 13. Jahrhundert stammende Bergfried steht. Um 1500 wurde der Turm renoviert. Unter den weiteren Gebäuden der Burg, die zumeist aus dem 16. Jahrhundert stammen und ihre Dächer in der gegenwärtigen Form im 18. Jahrhundert erhielten, ist besonders die Dürnitz mit ihrer weiten Halle hervorzuheben. Der Arkadenbau an der Südfront wurde 1897 nach Plänen von Gabriel von Seidl errichtet, aus jüngster Zeit stammt die Aufstockung auf dem Westteil dieses Loggienhauses. An der Südseite des inneren Hofes im ersten Obergeschoß liegt die Kapelle St. Johannes Bapt. An der den schmalen Saal überspannenden Tonne mit Stichkappen befinden sich Stukkaturen von Tassilo Zöpf und ein Deckenfresko von Josef Ott von 1776.

Starnberg Lit. Nr.: 8, 12, 38, 51

Die schlichte Vierflügelanlage mit schmalem Innenhof ist lediglich durch die an der Ostfront vortretenden Giebel des Süd-und Nordflügels belebt, die man allerdings einer ursprünglichen Betonung durch Rundtürme an den Ecken beraubt hat, welche nun nur noch als pfeilerartige Stümpfe erscheinen. Ein tiefer Halsgraben trennt den Burgplatz auf dem Sporn vom Vorgelände. Heute führt der Weg zum Tor über eine Brücke auf mehreren Bögen, die wohl ursprünglich durch eine Zugbrücke unterbrochen war.
Die 1244 erstmals erwähnte Burg, wohl Ministerialensitz von Andechs (?), kam in der Mitte des 14. Jahrhunderts an die Wittelsbacher. Herzog Wilhelm IV. ließ die mittelalterliche Burg abbrechen, um an ihrer Stelle ein stattliches Lustschloß zu bauen. 1646 eroberten die Schweden den Platz und richteten wie sonst allerorten Verwüstung an. Unter dem prachtliebenden Kurfürsten Ferdinand Maria (1651–1679) erlebte das Schloß seine Glanzzeit. Von hier nahmen die rauschenden Hoffeste und Jagden ihren Ausgang. Das noch am Schloß an-

Das Kurfürstliche Schloß Starnberg nach einem Litho von C. A. Lebschée – J. G. Fr. Poppel um 1850.

gebrachte Terrakottarelief mit der Darstellung des mächtigen „Bucentaur", des kurfürstlichen Prachtschiffes auf dem See, mit der zahlreichen Trabantenflotte, wie es Michael Wening dargestellt hat, erinnert an diese festfrohe Zeit. Das von den Fürsten südlich des Schlosses errichtete Sommerhaus wurde bereits 1764 wieder beseitigt. Von aller Lust und Freude, von allem Glanz der Gemächer und Säle ist nichts verblieben. Nicht eben freudig bewegt betritt heute der Besucher, der am Gericht oder Finanzamt vorspricht, den Bau.

Tutzing Lit. Nr.: 10, 38

Von der kleinen Burg am See, die Apian auf seiner Landtafel etwas summarisch darstellte, ist nichts erhalten. Erstmals genannt 753 als „Dutzingun" erscheint der Ort im Rotulus Burrana, einem Güterverzeichnis des Klosters Benediktbeuern.

Die Brücke über den breiten und tiefen Halsgraben, der bereits den Vorgängerbau schützte und auf den vormaligen Wehrbaucharakter der Burganlage deutet, führt zum Tor im südlichen Querflügel von Schloß Starnberg.

Schloß Starnberg. Ausschnitt aus dem Stich von Mich. Wening von einem Hoffest auf dem See. Von der reichen Architekturgliederung ist in der Gegenwart am Bau kaum etwas verblieben.

Wenn wir Apian vertrauen dürfen, so stand bei der kleinen Kirche zu seiner Zeit ein Bau mit Staffelgiebel in einem Mauerring mit Rundtürmen. Im jüngeren Urbar des Hauses Wittelsbach ist vermerkt, daß der Hof zu Tutzing Chunrad dem Tutzinger überlassen war. Nach dem Aussterben des Geschlechts der Tutzinger erwarb um 1480 Wilhelm Tichtel Hof und Burg zu Tutzing. Den mittelalterlichen Bau machten die Schweden 1632 zur Ruine, erst 1663 baute Maximilian Ernst von Götzengrien, nachdem hier zwischenzeitlich die Haimhausen saßen, an gleicher Stelle ein Schloß dessen Gestalt Michael Wening in einem Kupferstich überliefert hat. Spätere Besitzer der Hofmark waren nach den Götzengrien die Grafen Viereck, Graf Friedrich ließ das Barockschloß abbrechen und 1803—1816 durch eine Dreiflügelanlage ersetzen, die unter mehreren weiteren Besitzern bis zur Gegenwart erhalten blieb und heute der Evangelischen Akademie als Behausung dient.

In seiner Landtafel hat Apian die Burg Tutzing in einem Bering mit runden Ecktürmen wiedergegeben.

Andechs Lit. Nr.: 8, 12, 25, 51

Wo heute fromme Pilger zur Wallfahrtskirche Mariä Verkündigung streben, stand seit der Mitte des 12. Jahrhunderts, wohl etwas südlich des Klosters im Bereich des sogen. Fronhofs, die Burg, die Graf Berthold von Diessen nach Aufgabe der Skonenburg bei Dießen auf der Höhe über dem Ammersee erbauen ließ. Graf Berthold II. († 1151) erhielt durch Heirat mit Sophia von Istrien die Markgrafschaft Istrien. Graf Berthold IV. erhielt den Titel Herzog von Meranien, er nahm am Kreuzzug Barbarossas teil, den er überlebte und fiel bei der Belagerung der Burg Valley 1204. Nachdem Graf Heinrich IV. von Andechs als Mitwisser am Mord König Philipps durch Otto von Wittelsbach geächtet war, verlor er alle Ämter und Würden ebenso seine Besitzungen. Seine Burg Andechs wurde von Herzog Ludwig von Bayern gemeinsam mit Graf Otto von

Valley geschleift. An die Stelle der Burg baute Herzog Ludwig der Strenge nach 50 Jahren das Kloster der Benediktiner. Von der Burg verblieben keine Reste. Das Grafengeschlecht starb 1248 aus.

Ausee oder Aasee Lit. Nr.: 12, 62

Am Platze der Wasserburg Wörth von 1446 auf der Insel im Wörth-See bauten die Törring im 18. Jahrhundert ein zweigeschossiges, barockes Walmdachschlösschen mit einem bekuppelten Dachreiter.

Karlsberg Lit. Nr.: 36, 52, 62

An der Würm liegt hinter doppelten Gräben auf der Höhe über dem Gasthaus Mühltal der Burgstall im Walde. Die Sage vom Geburtsort Karls d. Gr. in der Burg Karlsberg, gründet sich auf die Schenkung der „villa regia" Gauting und der Orte Leutstetten und Buchendorf durch eine fränkische Fürstin an das Kloster Benediktbeuern um 800. Nach dem Sturz des letzten Agilolfingers 788 war Karl d. Gr. Grundherr im Mühltal. Der Bestand einer Burg auf dem Karlsberg ist für das 12. Jahrhundert belegt. Zu dieser Zeit war der Karlsberg wittelsbachisch. 1317 wurde im Schiedsspruch der Brüder Ludwig und Rudolf die Ruine Karlsberg zum Wiederaufbau als Jagdhaus bestimmt. Im 18. Jahrhundert schlachtete der Schloßherr von Leutstetten, Hans Urmüller, die Ruine als Steinbruch aus, zwei Mauern waren zu dieser Zeit noch erhalten. Eine Skulptur (Löwe) und karolingische Ornamentsteine im Museum Starnberg, sollen angeblich vom Karlsberg stammen.

Burgselberg Lit. Nr.: 32

Ein Burgstall ca. 225 m nordöstlich der Kirche Steinebach.

Hoch über dem Würmtal beim Gasthaus Mühltal ragt der Burgberg auf, dessen Plateau doppelte Gräben vom Vorgelände trennen. Die Burg Karlsberg erinnert an die Sage von Kaiser Karls Geburt in der Mühle.

Erling – Andechs Lit. Nr.: 32

Der Burgstall liegt ca. 1000 m nördlich der Klosterkirche im Waldabteil Klosterleite.

Oberer Weinberg Lit. Nr.: 32

Zwischen Seefeld und Andechs liegt der Burgstall am Pilsensee in der Gemeinde Widdersberg.

Oberzeismering Lit. Nr.: 10

Vom Burgstall auf dem Linsenbichl gibt es keine erkennbaren Reste.

Schloßberg Wangen Lit. Nr.: 32

Ein Burgstall ca. 1075 m südwestlich der Kirche Wangen, nahe an der Straße Wangen – Percha.

Schloßberg / Leutstetten

Der Burgstall liegt ca. 1500 m nordnordöstlich der Kirche von Leutstetten, nördlich vom Karlsberg über einer Schlinge der Würm auf einem Geländesporn. Der trapezförmige Platz ist an der Spitze des Sporns und gegen die von Graben und Wall begrenzte Vorburg durch tiefe Halsgräben abgeteilt, die sich beiderseits an den Abhängen fortsetzen. Niedrige Wälle begleiten jeweils den inneren Grabenrand.

Marquartstein, eine Burg ohne Bergfried, nach einem Stich von Wening.

Landkreis Traunstein

Marquartstein Lit. Nr.: 6, 8, 12, 25, 27, 36, 37, 38, 62

Im Tal der Tiroler Ache steht auf einer Felsnase die Burg, die Marquart II. von Hohenstein um 1072 erbaute. Auf seiner Stammburg Hohenstein saßen nach der Gründung von Marquartstein als Dienstmannen Ritter von Hohenstein bis zum Ende des 13. Jahrhunderts. Nach gewaltsamem Tod des jüngeren Marquart kam die Burg durch Heirat der Tochter Ulla an das Haus der Grafen Kraiburg-Ortenburg. Es folgten später die Herzoge von Niederbayern, 1259 wurde unter Herzog

Über den Halsgraben führt die Brücke zum Torbau von Marquartstein mit dem Staffelgiebel. Schlitze in der Blende des Burgtores dienten zum Aufzug der Brückenplatte. Die Burg auf weit ins Tal ragendem Bergsporn war zugleich Wächter und Herrschaftssymbol.

Heinrich XIII. hier ein Pfleggericht installiert. Am 28. 10. 1504 nahmen Truppen Kaiser Maximilians I. die Burg nach heftiger Beschießung ein. Abermals verwüsteten die Österreicher 1742 den Platz, von 1804 bis 1808 Forstamt, 1808—1857 verlassen, 1857 an die Frhrn. von Tautphoeus, später an Private, im 20. Jahrhundert durch Baron von Klaparede grundlegend restauriert.
Ein tiefer Halsgraben trennt den Burgplatz vom Vorgelände, auf dem seitlich vom Torweg die spätgotische Burgkapelle St. Vitus steht, die nach einem Brand 1844/1845 wiederhergestellt wurde. Über eine Brücke gelangt man zum Burgtor mit anschließender gewölbter Torhalle. Burggebäude umschließen auf drei Seiten den unregelmäßig trapezförmigen Hof, die vierte Seite schließt an einer starken Wehrmauer der Zehentkasten. Die Burg vom Typ einer Hausrandburg hat keinen Bergfried, gleichviel bietet das Äußere als Einheit von Fels und Bauwerk das imposante Bild eines mittelalterlichen Wehrbaus.
Die Sage berichtet von der Entführung der sechzehnjährigen Tochter Adelheid des Grafen Kuno von Frontenhausen durch Graf Marquart. Nach zwei Monaten des Glücks ließ eine eifersüchtige Edelfrau, der Marquart zuvor seine Gunst geschenkt hatte, den Grafen ermorden. Sterbend setzte er seine Gemahlin Adelheid als alleinige Erbin ein, mit der Auflage, ein Kloster zu gründen. Die Gründerin des Klosters Baumburg ist dort mit ihren drei Gatten Marquart, Graf Udalrich von Pütten und Graf Berengar von Sulzbach begraben.

Pertenstein Lit. Nr.: 6, 8, 25, 27, 62

Die Burg auf mäßig hohem Felssockel am Ufer der Traun ist ein dreigeschossiger Bau um einen Innenhof in Form eines gleichschenkligen Dreiecks, auf zwei Seiten durch Gräben, auf der dritten durch die Traun geschützt. Der quadratische Turm an der Südspitze ist im oberen Teil in ein Achteck überführt. Die Räume der Wohngebäude sind im Erdgeschoß gewölbt. Nördlich des Wohnbaus steht auf höherem Niveau die Vor-

Hart am felsigen Ufer der Traun ragen die Mauern der Burg Pertenstein auf, die vormals von einem aus dem Fluß gespeisten Ringgraben umgeben war. – Über dem unteren Schloß der Höhenburg Stein an der Traun, erkennt man Fenster und Scharten in der den Höhlen vorgeblendeten Quadermauer. (Rechte Seite.)

burg, heute eine rechteckige Anlage deren Hof von Stall-, Speicher- und Verwaltungsgebäuden umgeben ist. Von hier ist die Burg über eine Brücke zugänglich, ein zweiter Eingang in Höhe des Grabens führt durch ein Rundbogentor.
1290 erbaute Engelbrecht von Taching die Burg zu Ehren seiner Frau Berta von Törring. Bechtenstein (Pertenstein) ist seit 1382 im Besitz der Familie Törring. Adam von Törring veranlaßte um 1600 einen Umbau, der wohl einem Neubau gleichkam, wie er noch erhalten ist. 1745 erhöhte man den Nordflügel um ein Geschoß. Auf die Verwendung älterer Bauteile deutet wohl der teils geschwungene Umriß der Außenwand.

Stein an der Traun Lit. Nr.: 8, 11, 25, 27, 37, 46, 62

Die Burg besteht aus drei Teilen, 1. dem vierflügeligen, an die Felswand angelehnten unteren Schloß aus dem 16. Jahrhundert – am Tor zum Hof die Jahreszahl 1565 – das 1875 modernisiert und laut Inschrift 1901 renoviert wurde. Im südlichen Flügel die Schloßkapelle, dahinter ein halbrunder Wehrturm am Felsen mit einem kurzen Stück der Ringmauer,

Die Felsenhöhlen der Burg Stein waren zu Wohnräumen genutzt.

2. aus der wohl bereits in vorgeschichtlicher Zeit benutzten Höhlenburg in halber Höhe des Nagelfluhfelsens mit Höhlen, die gegen das Tal mit Tuffquadermauerwerk geschlossen sind. Man gelangt über eine Holztreppe von außen und weiter durch eine Wendeltreppe im Felsen zu den Höhlen, die in zwei Geschossen übereinander liegen. Im unteren Teil ein Wehrgang mit Scharten gegen den Hof und den Wohnräumen

der Burg darüber. Mehrere, durch Zwischenwände getrennte Gemächer, zum Teil zweistöckig mit Riegelwänden, liegen hintereinander. Etwa in der Mitte führt ein gewundener Gang im Fels mit Stufen zum oberen Ausgang am Hochschloß, 3. das gleichzeitig mit dem Ausbau der Höhlen um 1100 angelegt sein dürfte. Es ist von einem halbkreisförmigen Wall umgeben. Der noch bestehende Bau — wohl aus dem 15. Jahrhundert — rechteckig, mit einem Schopfwalmdach und einem Rundturm an der Ecke, ist verödet.
Die Burg war die Behausung der Ritter von Stein ca. 1130—1200, die Sage berichtet vom Unwesen des berüchtigten Ritters Heinz von Stein. 1200—1662 erscheinen die Grafen von Törring als Besitzer, dann Graf Karl von Fugger, 1667 die Herren von Lösch bis 1829, endlich nach mehrfachem Wechsel die Grafen von Arco-Zinneberg.
Die natürlichen Höhlen entstanden in urgeschichtlicher Zeit durch Auswaschungen der Traun.

Tittmoning Lit. Nr.: 8, 11, 12, 36, 51, 55, 58, 62

1234 ist die Burg erstmals urkundlich genannt; sie wurde als Stützpunkt des Erzbistums Salzburg gegen Bayern erbaut. 1324 erstmals von den Bayern belagert und erobert, doch bereits 1327 vom Erzbischof zurückgekauft. Zur Anpassung an die moderne Kriegführung war hier im 15. Jahrhundert der auch in Burghausen beschäftigte Burgenbaumeister Ulrich Pesnitzer tätig. Aus dem 16. Jahrhundert stammt der Getreidespeicher in der Südostecke. 1611 eroberten die Bayern die Burg zum zweiten Mal unter Herzog Maximilian I., doch blieb diese salzburgisch bis 1816. Erzbischof Markus Sittikus verwandelte den Wehrbau beim Wiederaufbau 1614—1617 zum Jagdschloß. Später saß hier nur mehr der salzburgische Burgkommandant. Im Prälatenstock, 1614 begonnen, wohl ein Werk Santino Solaris, und im Kavaliersstock auf einem gewölbten Erdgeschoß des 13. Jahrhunderts 1621 umgebaut, befanden sich getäfelte Decken vom Anfang des 17. Jahrhun-

Die mittelalterliche Burg Tittmoning steht als geschlossener Block hinter Graben und Zwinger.

derts. Zur Zeit der Franzosenherrschaft wurde die Burg als Spital benutzt. 1805 entstand ein Brand, der den Fürsten- und Prälatenstock zum Teil, den Bergfried völlig vernichtete.
Den tiefen Halsgraben, der die Burg auf dem Geländesporn abtrennt, überquert man auf der Brücke zu einer Barbakane in Breite des Zwingers mit seitlichen Wehrgangresten. Der geräumige Zwinger schützt die Burg auf zwei Seiten. Das Burgtor, außen mit Blech beschlagen, innen durch einen Riegelbalken gesperrt, kann im Mannloch durchschritten werden. Der dreieckige Burghof, zu dem man durch die gewölbte Torhalle gelangt, ist von an die Ringmauer angefügten Gebäuden umgeben. Im zweiten Zugang zum Hof, rückwärts zur Stadt, ist die Torhalle von einer Balkendecke überspannt. Dem Haupttor gegenüber liegt die Kapelle mit einer Barockfassade und seitlichem Türmchen. Gegenwärtig dient die Burg zu Wohnungen und als Heimatmuseum.

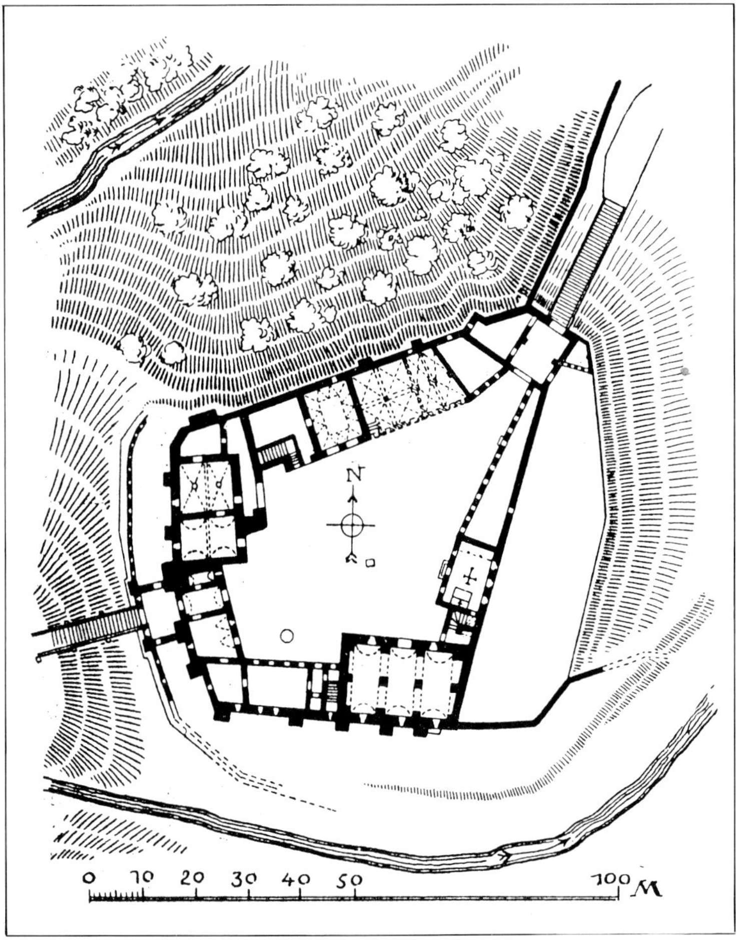

Grundrißplan der Kernburg Tittmoning im Kunstdenkmälerband Oberbayern, BA Laufen 5, 1. Dargestellt ist der Zustand nach dem Brand von 1805 ohne den zerstörten Bergfried, jedoch auch ohne Berücksichtigung des breiten Zwingers und der bastionsartig gestalteten Zwingermauer im Süden und Osten. Die natürliche Gegebenheit der Formation ist zur beherrschenden Lage klug genutzt.

Poing Lit. Nr.: 12, 62

Auf einer Alzinsel unterhalb Truchlaching stehen Reste einer Wasserburg von der nur Teile der Vorburg erhalten sind.

Tettelham Lit. Nr.: 25, 62

Mauerreste einer geringen Ruine nordwestlich des Ortes stehen beim Hofbauer. Das Adelsgeschlecht der Tödelhamer starb 1324 aus. 1349 kam der Sitz an Salzburg, 1356 an die Ritter von Traun und 1391 als erledigtes Lehen wieder an Salzburg. Bis 1697 war hier der Sitz eines Pfleggerichts, im 18. Jahrhundert ist der Bau verfallen.

Trostberg Lit. Nr.: 25, 27, 36, 62

Von der Ruine hoch über der Stadt, auf einem Bergvorsprung hinter einem Halsgraben, blieben ein Rundturm mit modernem Anbau, die Schloßkapelle und geringe Reste der Ringmauer am Hang erhalten. Die Burg war vermutlich eine Gründung der Chiemgaugrafen. 1233 erfolgte unter Herzog Otto dem Erlauchten die Befestigung der Burg beim Einfall der Österreicher unter dem Feldhauptmann Herzog Friedrichs des Streitbaren, Muringer Weser, weiterer Ausbau unter Herzog Heinrich XIII. 1392 kam Trostberg an die Landshuter Herzöge, die während der Pestzeit hier residierten.

Baumburg Lit. Nr.: 25, 27

Am Zusammenfluß von Alz und Traun stand auf steiler Höhe die Stammburg der Chiemgaugrafen aus dem Geschlecht der Aribonen. Die Güterschenkung des Grafen Berengar von Sulzbach ermöglichte die Gründung des Klosters am Ort der Burg. Auf Betreiben der Gräfin Adelheid von Sulzbach wurde um 1020 ein Chorherrenstift gegründet, Reste der Burg sind nicht erhalten.

Egerndach Lit. Nr.: 32, 36

Burgstall 1250 m südsüdwestlich der Kirche Staudach-Egerndach.

Eschenau Lit. Nr.: 36

Ein Turmhügel nördlich vom Ort.

Grabenstätt Lit. Nr.: 36, 62

Ein eigener Adel ist im 12. Jahrhundert bezeugt, im 13.—15. Jahrhundert Sitz der von Maur dann der Familie von Wiederspach, 1595 Neubau, abermals 1838 in neugotischen Formen.

Halmberg Lit. Nr.: 25

Die Burg diente 1170 Erzbischof Adalbert II. von Salzburg als Schutzwehr gegen Kaiser Friedrich I. Ein Georg von Truna war hier 1414 Pfleger, seit 1450 ist die Burg zerstört. Auf dem Burgstall eine Viertelstunde von Waging sind keine Reste mehr erhalten.

Hart Lit. Nr.: 32, 62

Verschwundene Burg eines vom 12.—14. Jahrhundert genannten eigenen Adels. Ein Turmhügel liegt noch ca. 400 m nördlich Hilleck.

Hochberg Lit. Nr.: 32

Ein Burgstall ca. 875 m westsüdwestlich der Kirche Hochberg.

Hohenstein Lit. Nr.: 25, 62

Hier stand die Stammburg Marquarts von Hohenstein, des Gründers der Burg Marquartstein. Nach ihm saß hier ein Dienstmannengeschlecht, das sich Hohenstein nannte; es starb im 13. Jahrhundert aus. Der Burgstall liegt oberhalb des Dorfes.

Im Haag Lit. Nr.: 32

Ein Turmhügel liegt ca. 2500 m südöstlich Pittenhart.

Katzenberg / Kay Lit. Nr.: 32

Der Burgstall ca. 450 m westlich Ollerding.

Lampolding Lit. Nr.: 36, 62

Am Platze der Burg stand das 1737 im Besitz der von Lodron befindliche, 1853 abgebrochene Schloß am Waginger See. Keine Reste.

Lenzisberg Lit. Nr.: 25, 32, 36

Als Sitz des Heinrich von Lenzisberg ist die Burg um 1200 genannt. Durch Heirat kam der Besitz 1230 an Ritter Kuno von Taching, den Stammvater der Linie Tachinger von Lenzisberg. Im 14. Jahrhundert wurde die Burg im Krieg Bayern gegen Österreich durch Ritter Wulfing von Goldegg erobert, kam aber 1313 an die Tachinger zurück. 1399 folgten hier die Ameranger. Ein Burgstall ohne Mauerreste bezeichnet den Platz ca. 1100 m westnordwestlich der Kirche Hochberg.

Offenham Lit. Nr.: 36

Ein Burgstall im Ortsbereich.

Otting Lit. Nr.: 32

Burgstall ca. 100 m südöstlich vom Hofbauer.

Palling Lit. Nr.: 36, 62

Der Burgstall liegt am Pallinger Berg.

Rettenburg Lit. Nr.: 25

Die Vorbefestigung der Burg Marquartstein stand eine Stunde hinter dem Dorfe Wössen, rechts an der Straße nach Reit im Winkl. 1190 war Kunrad von Rettenburg Zeuge mit Graf Heinrich von Frontenhausen, der zu dieser Zeit Besitzer der Burg Marquartstein war. Reste der Burg sind nicht vorhanden.

Streichenburg Lit. Nr.: 25, 36

Wie Rettenburg eine Vorbefestigung der Burg Marquartstein. 1160 saß hier Ritter Hartwig von Streichen, der beim Kreuzzug umkam. Der Burgstall ohne Reste liegt in der Nähe der Schwaige Wagrein am Streichenberg im Tal der Tiroler Ache.

Waging am See Lit. Nr.: 32

Der Burgstall liegt ca. 1550 m südsüdöstlich der Kirche Waging.

Surberg Lit. Nr.: 25, 3a

Ein Turmhügel liegt ca. 175 m westlich der Kirche Surberg. Hier saßen die Grafen von Surberg, salzburgische Dienstmannen, von denen Siboto und Meginhart de Surberg 1041 genannt sind. Graf Siboto II. war 1109 Ministeriale des Erzbischofs Konrad. Das Geschlecht starb mit Heinrich von Surberg 1266 aus.

Tengling Lit. Nr.: 25, 32

Am Platze der Burg bei dem Weiler Burg steht nun auf einer von West nach Ost gerichteten Felsnase eine gotische Kirche in ummauertem Friedhof. Der Halsgraben und ein weiterer Graben vor der Vorburg sind eingeebnet. Einen weiteren ebenen Platz vor der mutmaßlichen Vorburg begrenzt ein Wall. Mauerreste wurden beim Tiefpflügen angeschnitten.
Im Bereich der Gemeinde Taching am See befinden sich weitere drei Burgställe: 1. Ein Turmhügel ohne erkennbare Mauerreste unmittelbar westlich Haus, 2. ein Burgstall westlich der Kirche Burg, und 3. desgleichen ca. 1100 m südwestlich der Kapelle Gessenhausen.

Tettenhausen Lit. Nr.: 32

Ein Burgstall liegt ca. 1100 m südwestlich der Kapelle Gessenhausen.

Törring Lit. Nr.: 25, 32, 58, 62

Der Chiemgaugraf Sighart II. mit seiner Gemahlin Willa saßen auf der Burg Tengling, die sie „ad törringum“ nannten. Friedrich von Tengling erbaute vermutlich die Burg Törring, nach der er sich 1050 erstmals nannte. Der wachsende Einfluß des Erzstifts Salzburg im Gebiet um den Waginger See veranlaßte die Grafen von Tengling und Törring, die Burgen ihren Ministerialen zu überlassen, die sich ihrerseits Ritter von Törring nannten. Sighart V. von Tengling zog nach Burghausen. Herzog Heinrich von Niederbayern erstürmte und zerstörte die Burgen Tengling und Törring, die nicht mehr aufgebaut wurden. Mit den Steinen der Burg Törring erbaute man danach zu Burghausen den Turm „Zwing-“ oder „Beiß-Törring“. Von der Burg Törring verblieb im Walde bei dem Weiler Haus der mächtige Erdkegel, auf dessen kreisförmigem Plateau wohl vormals ein Wohnturm von 8 bis 10 m Seitenlänge stand, auf dessen Bestand eine große und zwei kleine Gruben deuten. Ein von einem Wall begrenzter Ringgraben umschließt den Kegel im oberen Drittel, weitere Gräben und Wälle, ca. 20 m unterhalb des Plateaus, trennen den Sporn vom Gelände und laufen gegen eine tiefere Terrasse — wohl die ehemalige Vorburg — aus, die ihrerseits von einem Graben gegen die Spitze des Sporns abgeriegelt ist. Nach Südwesten breitet sich eine nun bewaldete, ebene Fläche. Es ist zu vermuten, daß hier eine natürliche Formation durch Anlage der Gräben mit dem daraus anfallenden Material nach der Höhe gesteigert wurde. Erhalten ist auf der vermuteten Vorburg ein Brunnenschacht. An vielen Stellen zu Tage tretender Mauerschutt läßt auf Mauern und Bebauung schließen.

Traunstein Lit. Nr.: 23, 32, 36

Auf der Burg am höchsten Punkt der Stadt hausten zu Beginn des 12. Jahrhunderts die Herren von Truna. 1120 ist Berthold de Truna genannt, Georg von Truna, Pfleger zu Rattenberg und Plain, ein Ministeriale des Erzstifts Salzburg, starb 1274. Ein Burgstall liegt unmittelbar südlich des privaten Waldabteils im vorderen Brunwald.

Truchlaching Lit. Nr.: 36

Hier stand eine Wasserburg, der gleichnamige Adel starb 1490 aus.

Vachendorf Lit. Nr.: 11, 62

Beim Ort stand ein verschwundener Wachtturm der Burg Wildenwart.

Vachenlug Lit. Nr.: 62

Oberhalb Lauter lag ein verschwundener Edelsitz.

Winkl Lit. Nr.: 32, 36

Westlich der Straße nach Grabenstätt liegt ein Burgstall im Ortsbereich. Das 2 km südwestlich von Grabenstätt liegende Schloß Winkl liegt neben dem Burgstall einer ehemaligen Wasserburg.

Das neugotisch veränderte Hochschloß Pähl steht hoch über dem Dorf.

Landkreis Weilheim-Schongau

Pähl Lit. Nr.: 12, 25, 32

Im 13. Jahrhundert Sitz eines Ortsadels und eines Pfleggerichts. Ursprünglich drei Schlösser von denen das mittlere verschwunden ist. Das untere Schloß ein Bau des 16. Jahrhunderts der 1633 von den Schweden zerstört, später aber wiederaufgebaut wurde. Das obere Schloß wurde 1895 in neugotischen Formen verändert. Während das untere Schloß im Dorf als schlichter Schopfwalmbau erscheint, bietet das Hochschloß eine lebhaft bewegte Silhouette mit Zinnen und Türmchen. Unmittelbar nördlich vom Hochschloß befindet sich im Wald ein Burgstall.

Achberg – Schloßberg Lit. Nr.: 32, 36

Ein Burgstall ca. 500 m nordnordöstlich der Wegspinne Achberg.

Altenstadt Lit. Nr.: 36

Burgstall Burklaberg am Lorenzberg, in die ältere Anlage eingebaut.

Ammerhöfe Lit. Nr.: 32, 36

Ein Burgstall im Bereich der Kapelle St. Georg, einem vormals romanischen Bau, der 1497 erweitert wurde.

Ammerhöfe – In der Burg Lit. Nr.: 32

Nördlich der Kirche Mittelfischen liegt ein Turmhügel.

Bernbeuren – Auf der Burg

Der Burgstall liegt ca. 500 m westsüdwestlich der Kirche Bernbeuren.

Bruggen Lit. Nr.: 32, 36

Ein Burgstall ca. 200 m westnordwestlich von Rossau südlich vom „Wilden Graben“.

Burgstall Lit. Nr.: 32

Am Ort gleichen Namens ein Burgstall ca. 200 m ostnordöstlich des Ortes.

Fischen am Ammersee Lit. Nr.: 32, 36

Nördlich der Kirche Mittelfischen liegt ein Turmhügel.

Peiting – Schloßberg Lit. Nr.: 8, 12, 36

Der Ort ist erstmals 1101 als „nova ars Bitengor" genannt und war derzeit der Zentralort welfischer Güter am Lechrain. Herzog Welf I. erbaute die Burg. Nach dem Erwerb der besagten Güter durch Kaiser Friedrich Barbarossa staufisch, kamen sie als Konradinisches Erbe an Bayern. So konnte sie Kaiser Ludwig der Bayer 1343 dem Kloster Ettal geben. 1348 bereits vernichtete ein Erdbeben die Burg, die Reste zerstörten die Schweden im 30jährigen Krieg. Am Platze verblieben nur Wälle und Gräben.

Penzberg – Schloßbichl Lit. Nr.: 32, 36

Ein Burgstall liegt unmittelbar westnordwestlich des städtischen Krankenhauses.

Raisting / Schloßberg Lit. Nr.: 32

Der Burgstall liegt im Zwickel zwischen dem Michelsbach und der Rott, ca. 1925 m westsüdwestlich der Kirche Raisting.

Romegg Lit. Nr.: 36, 62

Der Sitz der Herren von Huglfing und Rameck (1300—1467) kam später an das Kloster Polling.

Schongau – Schneckenbichl Lit. Nr.: 32

Ein Turmhügel ist ca. 800 m südöstlich der Kirche Schongau erhalten.

Sindelsdorf Lit. Nr.: 32

Ein Burgstall ist ca. 280 m südlich der Kirche Sindelsdorf gelegen, ca. 1575 m südwestlich der Kirche Dürnhausen steht ein Turmhügel.

Tannenberg – Schloßplatz Lit. Nr.: 32, 36

Der Burgstall an der Grenze von Schwaben und Oberbayern liegt ca. 550 m südsüdwestlich der Kirche Tannenberg.

Weilheim Lit. Nr.: 8, 32, 36

Mit der Gründung der Neustadt durch Herzog Otto II. 1236 entstand an die Stadtmauer angelehnt auch eine Burg, die 1690 durch ein Schloß ersetzt wurde. An seinem Platz baute man 1909 ein neues Finanzamt, die zweifache Änderung hinterließ vom Ursprung keine Spur.

Wilzhofen Lit. Nr.: 36, 62

Die abgegangene Burg stand auf dem Platz hinter der Kirche. Ein eigener Adel ist 1173 genannt.

Zöpfhalden – Haldenwiesen Lit. Nr.: 32

Ein Burgstall liegt ca. 250 m nordöstlich von Schlag etwa 1800 m westlich der Kirche Peißenberg.

ÜBERBLICK

Weit entfernt davon, das Ergebnis einer erschöpfenden Darstellung des Wehrbaus in Oberbayern geben zu können, soll die vorliegende Zusammenstellung nur als Schlaglicht auf das adlige Bauwesen vom 10. bis zum 15. Jahrhundert gelten und anhand der Aufzählung von Objekten der Versuch zur Darstellung einer Entwicklung unternommen werden. Eine bündige Übersicht ist nach dem Stand der Forschung wenn nicht unmöglich, so doch erheblich durch die geringe Kenntnis von Art und Beschaffenheit gerade der frühen Anlagen erschwert. Obertägige Reste wie Hügel, Wälle und Gräben dienen wohl der Ortsbestimmung, lassen aber alle Fragen nach Aufbau und Gestalt offen. Die erst relativ spät greifbaren urkundlichen Belege geben allenfalls durch Namensnennung Hinweise auf Örtlichkeit und Zeit und im Zusammenhang mit dem Brauch, den Burgnamen als Familiennamen zu übernehmen, auch auf besitzrechtliche Zusammenhänge. Die Bilddokumentation kann, wenn man von wenigen Darstellungen wie z. B. die in der Falkensteiner Kodex absieht, erst sehr späte Zustände erläutern.
Aus vorbenannten Gründen ist auch eine typologische Einordnung nur in groben Zügen möglich, gleichviel ob nun Typen nach der geographischen Lage, nach Größenverhältnis-

sen oder wehrbautechnischen, organisatorischen Eigentümlichkeiten auszuscheiden sind[1]). Der Landschaftsform entsprechend, kommen Höhenburgen auf Hügeln oder Gipfeln sowie am häufigsten in Spornlage neben zahlreichen durch Wassergräben geschützten oder auf Inseln angelegten Burgen vor.

In der zeitlichen Abfolge sind als früheste Adelssitze wohl königliche bzw. herzogliche Pfalzen und Königshöfe wie Altötting, Freising und Bad Aibling zu nennen. Als Sitze bedeutender Adelsgeschlechter von beträchtlicher Flächenausdehnung, von denen Grabungen des Bayerischen Landesamts für Denkmalpflege Auskunft geben, erscheinen die Burgen Ebersberg aus dem 10. Jahrhundert und ferner Scheyern, 11. Jahrhundert, Wartenberg und Wittelsbach aus dem 12. Jahrhundert, wobei zwischen den beiden letzteren gewisse Übereinstimmungen festzustellen sind[2]). Neben diesen Großburgen sind zahlreiche Turmhügel und Burgställe für das 10. und 11. Jahrhundert anzunehmen, für die jedoch in allen Fällen eine exakte Zeitstellung fehlt. Hierher gehören die 26 bzw. 181 in der Liste der obertägigen Bodendenkmäler des Bayerischen Landesamts für Denkmalpflege aufgeführten Objekte.

Die Mehrzahl der Burgen und Ruinen von dem für das deutsche Sprachgebiet üblichen Typ als Anlage mit Ringmauer, Bergfried, Palas, Nebengebäuden und mit mehr oder weniger ausgedehnter Vorburg in diversen Spielarten können die im 12.—14. Jahrhundert gegründeten Burgen gelten, unter denen solche wie Hirschberg, Willibaldsburg bei Eichstätt, Mörnsheim, die Alte Burg bei Neuburg, Hohenaschau und Burghausen besonders hervortreten. Während von den Höhenburgen 37 von 81 nur als Ruinen überkommen sind, ist das Verhältnis der erhaltenen bzw. zu Schlössern verwandelten Wasserburgen günstiger, nämlich 4:38.

Eine Reihe von Höhenburgen, die als Schlösser fortbestehen, hat in bemerkenswerter Weise den Burgcharakter bewahrt wie z. B. Kipfenberg, Unterelkofen, Gruttenstein, Staufeneck und Marzoll, weiter Reichertshausen, Burgrain, die Münz in

Neuburg a. d. Donau und Grünwald. Mit einiger Phantasie können auch größere Ruinen wie Karlstein bei Reichenhall, Wellheim, Arnsberg, Rumburg, Werdenfels, Falkenstein, Kirnstein, allenfalls auch Hohenwaldeck, Hütting, Nassenfels und Rieshofen eine Vorstellung von der Gestalt im hohen Mittelalter geben. Geringe Mauerreste, Einzelbauwerke vor allem die Sockelform im Gelände lassen die Wirkung und Aufgabe von Burgen erahnen, wie bei Konstein, Dollnstein, Sandau, Rauenlechsberg, Kraiburg, Neubeuern, Auerburg, Speckerturm. Vielfach hat die inzwischen herangewachsene Bewaldung das Bild verunklärt. Völlig anders geartet als die hier angesprochene Normalburg, sind der Wohnturm zu Haag, der in Oberbayern nicht seinesgleichen hat, und die Höhlenburg Stein an der Traun.

Was die Grundrißformen betrifft, so sind doch neben den durch die Geländeform bestimmten unregelmäßigen Formen auch eine Reihe von Anlagen als Quadrate, Rechtecke oder Kreise festzustellen. Für die erstere Gruppe wären als Beispiele zu nennen: Arnsberg, Burghausen, Hirschberg, Hohenaschau, Hohenwaldeck, Kipfenberg, Karlstein, Mörnsheim, Rundeck und Wellheim. Beispiele für den regelmäßigen Grundriß findet man bei der Auerburg, Ebersberg, Gruttenstein, Haag, Haltenberg, Hohenkammer, Kaltenberg, Marzoll, Marquartstein, Nassenfels, Reichertshausen, Saaldorf, Schwindegg, Starnberg, Wartenberg, Werdenfels, um nur die Wichtigsten zu nennen. Wohlerhalten bzw. im wesentlichen erhalten sind die Bergfriede in Burghausen, Burgrain, Haag, Haltenberg, Hirschberg, Hohenaschau, Hohenwaldeck, Karlstein, Kipfenberg, Nassenfels, Neubeuern, Pfalzpaint, Rieshofen, Seefeld, Unterelkofen und Wellheim. Leider sind in Oberbayern weder dekorative Steinmetzarbeiten noch Wandmalereien erhalten, die wohl auch hier vorhanden waren.

Als spärliche Reste von Plastik des 13. Jahrhunderts können die mit einer Zierleiste versehenen Kämpfer in der Torhalle von Vohburg, die wiederverwendeten, wohl vom Palas der Burg Königswart stammenden Kapitelle und das Tympanon der Ka-

pelle Wartenberg gelten. Unter den spätmittelalterlichen, zu Schlössern verwandelten Burgen sind besonders die Vierflügelbauten teils mit, teils ohne Ecktürme mit Arkadenhöfen als Beispiele alpenländischer Bauweise hervorzuheben. An erster Stelle zu nennen: Amerang aber auch Hohenkammer, Schwindegg, Maxlrain und Tüssling vertreten diesen Typ.
Gelegentlich ist der Platz einer vergangenen Burg lediglich durch die am Ort verbliebene oder hier in späterer Zeit errichtete Klosterkirche, Kirche oder Kapelle gekennzeichnet wie in Altötting, Vachenlueg, Wildenholzen, Obereichstätt, Wartenberg, Kranzberg, Thurnsberg, Roggenstein, Kraiburg, Scheyern, Wittelsbach, Zell, Rotenegg, Baumburg, Tengling. In solchen Fällen mag der Gedanke hier gute Geister zu bannen oder böse zu vertreiben die Anregung zum Bau gegeben haben, wie überhaupt im Zusammenhang mit Ruinen der Aberglaube in Sagen und Legenden wunderliche Blüten trieb.
Burgen im Bereich oder Zusammenhang mit Städten gab es im 12. Jahrhundert in Oberbayern nicht, bis die Brückenverlegung 1158 durch Heinrich den Löwen von Oberföhring nach München sanktioniert, und sich das Dorf Munichen zur Stadt entwickelt hatte, in der dann Herzog Ludwig der Strenge 1255 seine Burg, den „Alten Hof", baute. Die Erkenntnis, daß Städtegründungen wesentlich zum vermehrten Wohlstand, aber auch zur Stärkung der politischen Macht beitrugen, ließen in der Folgezeit unter wittelsbachischer Hoheit Residenzen und Amtssitze an verschiedenen Orten entstehen, die zunächst durchaus Wehrbaucharakter hatten. Hier zu nennen sind die Stadtburgen in Ingolstadt, Landsberg, Wolfratshausen, Bad Tölz, Bad Aibling, Wasserburg, Dachau, Weilheim, Pfaffenhofen an der Ilm und Wolnzach. Erhalten blieben in teils veränderter Form nur Ingolstadt, Wasserburg und Dachau[3]).
Im offenen Lande überlebten nur solche Adelssitze, die nach dem Verlust ihrer Bedeutung als Wehrbau bewohnt blieben und als Wohnbauten Repräsentationszwecken dienten oder Verwendung zu wirtschaftlicher Nutzung fanden. Dem jewei-

ligen Zeitstil entsprach dann die architektonische Gestaltung. Oberbayern ist stolz auf die längste und besterhaltene Burg Bayerns in Burghausen an der Salzach, die allerdings erst unter Ausnutzung der ungewöhnlich günstigen geographischen Voraussetzungen die außerordentliche Länge im Laufe von Jahrhunderten erhielt. Oberbayern ist ebenso stolz mit dem Klosterberg von Scheyern die Ursprungsstätte des Herrschergeschlechts in seinen Grenzen zu wissen, das über mehr als 1000 Jahre mit wechselndem Glück und oft getrübter Einigkeit, jedoch mit beharrlicher Machtbehauptung regierte. Oberbayern ist glücklich, in seinen Burgen und Ruinen sowie den daraus entwickelten Schlössern Zeugen ritterlicher Kultur zu besitzen, mit denen die Namen der Geschlechter verbunden sind, die sie gegründet und in Notzeiten verteidigt haben[4]). Oberbayern ist so im Verband des ganzen Staates ein wichtiges Glied, das sich mit den gebauten Zeugen aus dem Mittelalter würdig neben die anderen Regierungsbezirke stellen kann, um damit einen wichtigen Beitrag zum Bild der dynastischen, baukünstlerischen und sozialen Entwicklung zu leisten.

Anmerkungen:

1) Vorschläge zur Gliederung des Wehrbaus nach Typen sind vielfach unternommen. Mein Vorschlag in: „Die Deutsche Burg"; Frankfurt 1963, scheidet Typen nach sozialen, geographischen, besitzrechtlichen und nationalen Argumenten. Für die Auswertung der vorliegenden Zusammenstellung waren nur die geographischen Gegebenheiten maßgebend.

2) Walter Sage; Zur archäologischen Erforschung mittelalterlicher Burgen in Südbayern. In: Wittelsbach und Bayern hrsg. v. Hubert Glaser, München 1980, S. 127ff., wohl der berufenste Interpret zur Beurteilung des frühen Burgenbaus in Bayern, kommt zu der Überzeugung, daß die Burgen Wittelsbach und Wartenberg in jeder Beziehung als echte Parallelen zu betrachten sind.

3) Die Welle der Städtegründungen im 13. Jahrhundert war eine von allen herrschenden Häusern im Deutschen Reich geübte Praxis zur Sicherung und zum Schutz der Territorien. Wilhelm Liebert; Die frühen

Wittelsbacher als Städte- und Marktgründer in Bayern. In: Wittelsbach und Bayern hrsg. v. Hubert Glaser, München 1980, S. 307 ff. benennt u. a. für Oberbayern die im Zusammenhang mit Stadtgründungen entstandenen Burgen.

4) Ebenso wie die Wittelsbacher durch zielstrebige Politik aber auch vom Glück begünstigt Burgen zur Stabilisierung ihres Machtbereiches gründeten, taten ebenso die großen Dynastengeschlechter, die Welfen, Andechser, Ebersberger, Bogener und viele andere als Konkurrenten. Friedrich Prinz erläutert in seinem Beitrag: Die Bayerischen Dynastengeschlechter des Hochmittelalters. In: Wittelsbach und Bayern, hrsg. v. Hubert Glaser, München 1980, S. 253, die Zusammenhänge im Machtkampf, die in ihrer praktischen Auswirkung zu Burgengründungen führten.

Von den 375 hier benannten Objekten sind 61 Schlösser, 30 Burgen, 44 Ruinen und 240 Burgställe.

REGISTER

Abkürzungen

A = Architekt, Bf = Bischof, Bm = Bistum, Bmr = Baumeister, Frh = Freiherr, G = Graf, Geo = Geograph, hl = heilig, H = Herr Herren, Hot = Hochstift, Hzg = Herzog, Kai = Kaiser, Kf = Kurfürst, Kö = König, M = Maler, Mg = Markgraf, Pfg = Pfalzgraf, Ri = Ritter, Ste = Stecher.

B

C

D

H

M

N

Z

Rottbach
Mittelstetten
Althegnenberg
Aufkirchen
Nannhofen
Mammendorf
Schmiechen
Fürstenfeldbruck
Amper
Gegenpoint
Stadt München
Isar
Markt Schwaben
Adelshofen
Emmering
Roggenstein
Scheuring
Schöngeising
Sunderburg
Dünzelbach
Blutenburg
Lichtenberg
Nicolaleite
Puchheim
Pasing
Neuveste
Walleshausen
Alling
Haltenberg
Kaltenberg
Wildenroth
Türkenfeld
Alter Hof
Epfenhausen
Eresing
Steinebach
Starnberg
Würm
Pöring
Greifenberg
Unterbrunn
Sandau
Windach
Wörth-Ausee
Schloßberg
Schwaneck
Falkenberg
Landsberg
Karlsberg
Grünwald
Höhenkirchen
Ammersee
Seefeld
Stoffersberg
Widdersberg
Wangen
Baierbrunn
Egmating
Straßlach
Starnberg
Birkschanze
Landkreis München
Lech
Rieden
Andechs
Beigarten
Thalning
Erling
Deining
Dießen
Würmsee
Hornstein
Helfendorf
Asch
Schönberg
Aufhofen
Blindham
Leeder
Stoffen
Fischen
Garatshausen
Sachsenhausen
Eulenschwang
Fösching
Valley
Denklingen
Rott
Raisting
Tutzing
Thanning
Mangfall
Pähl
Wolfratshausen
Rauenlechsberg
Oberzeismering
Harmating
Vagen
Haid
Happerg
Ascholding
Holzolling
Iringsburg
Schönegg
Zellsee
Wilzhofen
Schallenham
Eurasburg
Reichersdorf
Burgstall
Weilheim
Reith
Weilheim-Schongau
Oberherrenhausen
Großpienzenau
Altenstadt
Schongau
Wallenburg
Hechenberg
Sachsenkam
Rossau
Peiting
Peißenberg
Königsdorf
Kirchbichl
Miesbach
Oberhausen
Hoheneck
Tannenberg
Ammerhöfe
Ramegg
Agatharied
Achberg
Penzberg
Reichersbeuern
Bernbeuren
Haldenwiesen
Gmund
Bad Tölz
Sindelsdorf
Bad Tölz Wolfratshausen
Staffelsee
Lichteneck
Tegernsee
Wachsenstein
Steingaden
Kleinweil
Lenggries
Schellenberg
Hohenburg
Murnau
Großweil
Wegscheid
Ammer
Kochelsee
Loisach
Unterammergau
Isar
Schauenburg
Walchensee
Eschenlohe
Sylvenstein
Garmisch-Partenkirchen
Werdenfels
Falkenstein
Hammersbach